国家重点研发计划 2018YFC0406906 专题

大型调水工程
安全信息感知、生成与利用

DAXING DIAOSHUI GONGCHENG
ANQUAN XINXI GANZHI，SHENGCHENG YU LIYONG

方卫华　程德虎　陆　纬　周柏兵　赵　阳◎著

河海大学出版社
HOHAI UNIVERSITY PRESS
·南京·

图书在版编目(CIP)数据

大型调水工程安全信息感知、生成与利用 / 方卫华等著. -- 南京 ：河海大学出版社，2019.12
ISBN 978-7-5630-6188-4

Ⅰ. ①大… Ⅱ. ①方… Ⅲ. ①调水工程—安全信息—信息管理—研究 Ⅳ. ①TV68 ②X913.2

中国版本图书馆 CIP 数据核字(2019)第 272303 号

书　　名 大型调水工程安全信息感知、生成与利用
书　　号 ISBN 978-7-5630-6188-4
责任编辑 卢蓓蓓
责任校对 金　怡
封面设计 徐娟娟
出版发行 河海大学出版社
地　　址 南京市西康路 1 号(邮编:210098)
电　　话 (025)83737852(总编室)
(025)83722833(营销部)
经　　销 江苏省新华发行集团有限公司
排　　版 南京布克文化发展有限公司
印　　刷 虎彩印艺股份有限公司
开　　本 787 毫米×960 毫米　1/16
印　　张 13.75 印张
字　　数 223 千字
版　　次 2019 年 12 月第 1 版
印　　次 2019 年 12 月第 1 次印刷
定　　价 68.00 元

目录
contents

第一篇 感知系统提升

第二篇 缺失数据生成

第三篇　实测数据利用

绪论

1.1 概述

水资源时空分布不均、水污染严重和人均水资源贫乏是我国面临的主要水问题[1]。兴建和充分利用水工程是解决水资源时空分布不均问题的重要手段，其中调水工程作为水工程的重要组成部分在水资源优化配置中具有不可替代的作用。“十三五”期间，我国将分步建设 172 项重大水利工程，其中就涉及多项调水工程，即继续推进南水北调东中线后续工程建设，同时建设引黄入冀补淀、引江济淮、引汉济渭、滇中引水、引大济湟、引绰济辽等多项重大引水工程[2-4]。

大型调水工程的工程安全直接关系到饮水安全、公共安全、粮食安全、生态安全以及社会稳定[5]。准确感知和分析调水工程的安全信息是分析大型调水工程安全性态的基础，也是降低工程安全风险、提高运行效率和延长工程寿命的依据。目前，大型调水工程设计、施工和管理经验比一般水库大坝要少得多，大型跨流域调水工程都具有工程线路长、水工结构形式多样、地质及荷载条件复杂和输出效应非平稳等特点。在气候变化、气象突变、地质灾害以及结构和材料蠕变损伤等条件下，大型调水工程的安全风险依然存在，且其自身结构和材料特征决定了大型调水工程安全性态感知及其演化更加复杂。相对于独立的水库大坝而言，大型调水工程由于具有跨区域结构和赋存环境以及建筑物之间相互作用等特征，直接采用现有的安全监控理论必然导致监测投入大、信息冗余与信息匮乏并存、信息采集缺乏协调性等问题。尽管在大坝安全性态分析及安全信息提取和应用方面，国内外已经取得了大量成果，但在大型调水工程信息感知和安全性态描述方面，现有研究成果尚不足以支撑工程建设和运行管理的需要。随着无线传感网络技术、大数据技术，特别是云技术和复杂网络理论的发展，网络化采集和图像描述已经成为工程健康监测与评估的研究热点。通过构建基于采样理论和智能路由算法的安全性态采集网络，建立结构-建筑物-工程多重网络模型，从而为通过采集网络的自组织和协同工作、准确获取工程安全信息奠定基础。在此基础上，根据信息网络关联性、协调性和抗毁性等指标及其动态演化特征判别工程安全状态及其演化，将网络直观映射到结构损伤、应变局部化、熵变和系统维数增减，有效弥补了数值模型的直观性的不足。在自动化监测方面，低功耗、自组网、云平台、多源数据融合等都是大型调水工程面临的主要课题。由于膨胀土、湿陷性土体深挖方和高填方问题的普遍性和严重性，将感知从饱和状态推到非饱和状态也是信息感知的必然要求。

另外两个突出的问题就是数据不平衡问题与数据深度利用问题。数据不平衡问题来源于两个方面：首先，由于结构正常状态下的测值要比结构异常状态下数据量大，从而导致我们感兴趣、反应结构异常的数据量不足，给统计分析带来困难。其次，仪器的老化失效会引起某一个测点或某一监测项目数据样本数不足。数据利用包括数据统计分析、反演和数据同化等，在浅层利用方面目前比较普遍，而在深度利用方面明显不足。

本书符合《国家中长期科学和技术发展规划纲要(2006—2020 年)》确定的重点领域，相关研究成果在促进防灾减灾以及预报预警理论研究、优化工程信息采集网络结构、指导工程运行和降低工程安全风险等方面，不仅具有重要的科学意义，而且具有重要的现实意义。

1.2 国内外研究现状

大型调水工程的安全性态感知和基于实测数据的安全性态评估已经引起广大研究者的注意[6-9]。

目前大型调水工程安全监测尤其在监测项目和测点布置方面，主要参照大坝安全监测相关研究成果。相对于数据生成，数据的利用在大坝安全监控方面成果比较多，主要表现在监控模型的建立、监控指标拟定、参数反演和安全综合评价方面，而在大型调水工程中上述各个方面的研究都比较欠缺，实测数据的利用主要仍是逐步回归建模、过程线分析和特征值统计等方面。

目前岩土、水利工程安全监控模型包括逐步回归、差值回归、混合模型、确定性模型、抗差回归、神经网络、小波网络、灰色系统、支持向量机、粗集模型、动态贝叶斯网络、动力系统以及非线性分析模型等[10-14]。

置信区间法、典型监测效应量小概率法和极限状态法是大坝安全监控指标拟定的常用方法，基于材料线弹性、弹塑性等不同阶段，利用数值计算方法可以提出大坝安全监控分级指标。文献[15-16]采用概率分析和结构分析相结合的蒙特卡罗法对高拱坝的变形进行了拟定，使得监控指标拟定考虑到各种不确定因素，提高了方法的通用性。

利用实测资料进行工程热力学参数的反演方法可分为确定性反演方法、不确定性反演方法和基于机器学习的方法。前者包括基于正分析的最优化方法、基于反分析的正则化方法、变分法、可变容差法、同伦方法和梯度方法等。其中正分析的反演方法主要通过正分析（一般采用有限元等数值计算方法）建立待反演参数与监测物理量之间的函数关系，并以计算物理量与实测物理量之差的平方建立目标函数，通过优化算法就目标函数的极小解来反演材料参数。其中优化方法包括全局优化算法以及全局优化算法和局部优化算法的组合优化算法。文献[17]指出反演失败的原因在于不同参数组合导致有限元无解。除确定性方法外，还有基于贝叶斯反演分析的方法和基于粒子滤波的反演分析、区间反演分析方法等不确定反演分析方法，其中参数贝叶斯反演是通过最大熵原理和 AIC（Akaika Information Criterion）准则求泛函的极值[18]。

基于实测资料的安全度综合评价方法还包括神经网络法、层次分析法、物元可拓法和粗集法等。

压缩感知是信息采样理论基础，但目前尚未见到有关压缩感知理论在工程安全/健康监测方面的研究[19-22]。

测点和监测区域优化涉及选址优化和组合优化问题。从 Weber 提出在欧氏空间 1-中值选址问题以及 Hakimi 首先提出 p-中位问题开始，基于运筹学、博弈论、排队论等现代科学理论的随机选址问题和竞争选址问题已逐渐成为当前的研究热点。优化算法主要有常规数学方法、智能优化算法（遗传算法、粒子群算法、蚁群算法、模拟退火算法和神经网络算法等）和协同优化算法等。各类算法都具有各自特点，在时间复杂度、空间复杂度和收敛性等方面也都具有自身的特点[23-33]。

总之，目前基于水工程健康信息实测资料的分析方法大多基于概率统计和模糊理论[38]进行建模型，而这种模型分析方法对概率分布、样本独立性和样本容量都有很高的要求。近年出现的神经网络方法、支撑向量机方法往往存在模型结构或模型参数经验性依赖较强等不足，同时许多常规分析方法都只能适应平稳时间序列且对数据噪声敏感，然而水工程实际测值序列大多是不平稳的，当工程处于危险期或安全性态变化剧烈期尤其如此。近年来，复杂网络被应用于各种实测数据序列分析之中，如生命科学、物理科学、社会科学、计算机科学等[34-44]。

复杂网络理论正是通过对网络拓扑结构特征量统计规律的研究来揭示各种复杂网络中共性的网络随机演化性质、结构稳定性及受到攻击时的动力学传播特性，对研究大型和复杂水工程的结构脆弱性、多类型健康信息的内在传播机制及相应的工程性态不协调动态变化行为，具有极为重要的实用价值。

特征正交分解（Proper Orthogonal Decomposition，简称 POD）又被称为 K-L（Karhunen-Loeve）变换。1987 年 Sirovich 提出将瞬像方法用于特征正交分解的降阶[45]，使得 POD 方法更加标准化。Sarkar 与 Paidoussis 曾经将 POD 用于线性和非线性动态系统模型的简化[46-47]。用较少的自由度对大量数据集高精度逼近，减少计算量和计算空间，实现数据重建[48-53]。

本书针对大型调水工程的监测系统提升、实测数据生成和数据应用 3 个问题展开。第一个问题主要是考虑到目前许多大型调水工程采用了人工监测方法进行安全信息感知，随着大数据、人工智能和物联网技术的发展，人工监测难以适应上述要求，另外从监测项目而言，大型调水工程建筑物结构和赋存环境与一般的水库大坝和堤防也存在一定的差异，在监测项目上进行优化也是必须考虑的。第二个问题针对样本不足展开。第三个问题针对实测数据深度利用。

1.3 关键问题

考虑到篇幅限制，本书不可能对所有关键问题展开，为起到管中窥豹的作用，根据本次重点研发计划相关任务，以上述 3 个问题为切入点，对大型调水工程感知，数据生成及利用中的几个关键问题进行说明。

1.3.1 安全信息的准确和高效感知问题

安全信息的准确和高效感知是进行大型调水工程安全预报预警和优化工程调度的关键，大型调水工程涉及的空间分布范围大、建筑物种类多、地址水文条件各异，这些都给安全信息的准确与高效感知带来大量的技术和科学问题，其中典型的问题包括：大范围变形测量的基准和传递问题、不同建筑物连接部位的变形协调性问题、长期和短期作用下结构的损伤失效和灾变问题、现有监测系统的有效性评价和更新改造策略问题、监测系统与检测系统的深度融合问题、不同失效模式下大型调水工程的预警指标拟定问题。

本书以南水北调中线渠首段工程为例，对监测系统的提升和检测-监测体系的融合进行研究和探讨。重点探讨监测项目优化设置、内外部变形一体化、低功耗及智能化设备研制等。

1.3.2 数据不平衡及样本不足问题

数据不平衡和样本不足问题是所有基于实测数据进行工程安全评估的关键问题，通常反应工程正常运行的实测数据样本数远远大于反应工程失效或异常的样本数，经过严谨设计施工和运行管理的小失效概率的大型调水工程尤其如此。随着并行计算和人工智能，特别是复合介质力学、深度学习和云计算的发展，为这一问题的解决提供了新的方向，但离彻底解决还有很远的距离。

本书以目前人工智能领域热点 GANS 网络为切入点，针对某大型调水工程调水隧洞的实测数据，研究生成数据在概型上与原数据的距离，为不平衡数据问题做一点探索。

1.3.3 结构体系可靠度评价问题

基于实测数据的结构体系可靠度评价问题是运行期工程安全评价的关键问题，由于结构多失效模式和动态特性，尤其是各失效模式具有时空和物理上的相关性，使得常规的独立性、同分布等基本假设条件难以满足，因此迫切需要研究新型基于数据驱动结构体系的可靠度评价方法。

本书以仿生算法下的响应面法为切入点，以南水北调中线工程中深挖方、高填方等人工边坡的稳定性问题为研究对象进行系统可靠性评价，为下一步针对大型调水工程渡槽、倒虹吸、渠道、隧洞等可靠度评价积累经验。

本书是在国家重点研发计划(2018YFC0406906)的支持下完成的，笔者的研究生夏童童和赵毅恒也参与了编写。出版社多位老师为本书的出版做了大量的工作，在此一并致谢！

由于本人水平有限，加上大型调水工程安全的复杂性，本书只能起到抛砖引玉的作用，敬请各位水工结构、工程力学、统计分析等相关专业人员批评指正！

参考文献

[1] 吴中如，顾冲时，苏怀智，等. 水工结构工程分析计算方法回眸与发展[J]. 河海大学学报(自然科学版)，2015，43(5):395-405.

[2] 吴中如. 中国大坝的安全和管理[J]. 中国工程科学，2000，2(6):36-39.

[3] 李端有，王志旺. 水库大坝安全管理及发展动向分析[J]. 中国水利，2007(6):7-9.

[4] 张建云，杨正华，蒋金平，等. 水库大坝病险和溃坝研究与警示[M]. 北京：科学出版社，2014.

[5] 杨杰，吴中如. 大坝安全监控的国内外研究现状与发展[J]. 西安理工大学学报，2002，18(1):26-30.

[6] 赵兰敏. 南水北调中线工程大型渡槽健康监测模型的研究[D]. 河北农业大学，2007.

[7] 李峰，贾志营，张颖军. 南水北调中线工程漕河渡槽安全监测设计[J]. 水利水电技术，2008(5):80-84.

[8] 张建军. 南水北调中线工程方城Ⅱ段安全监测技术研究[D]. 华南理工大学，2013.

[9] 李劲. 大型引水工程信息安全解决方案研究[J]. 电信技术，2014(11):99-104.

[10] 陈继光. 基于 Lyapunov 指数的观测数据短期预测[J]. 水利学报，2001(9):64-67.

[11] 郑东健，顾冲时，吴中如. 边坡变形的多因素时变预测模型[J]. 岩石力学与

工程学报，2005，24(17):3180-3184.

[12] 姜立新，康飞，胡军. 大坝变形非线性智能组合预测方法研究[J]. 四川建筑科学研究,2008，34(3):129-132.

[13] 闫滨，周晶，高真伟. 一种基于 IOWGA 算子的大坝安全监控组合预测模型[J]. 岩石力学与工程学报，2007，26(增刊 2):4074-4078.

[14] SU H Z，WU Z R，GU Y C. Game model of safety monitoring for arch dam deformation[J]. Science in China ，2008，51(S2):76-81.

[15] 沈振中，马明，涂晓霞. 基于非连续变形分析的重力坝变形预警指标[J]. 水利学报，2007(S1):94-99.

[16] 谷艳昌，何鲜峰，郑东健. 基于蒙特卡罗方法的高拱坝变形监控指标拟定[J]. 水利水运工程学报，2008(1):14-19.

[17] 王建，岑威均，张煜. 邓肯-张模型参数反演的不唯一性[J]. 岩土工程学报，2011，33(7):1054-1057.

[18] 蒋树屏. 扩展卡尔曼滤波器有限元法耦合算法及其隧道工程应用[J]. 岩土工程学报，1996，18(4):14-22.

[19] CANDES E J. Compressive sampling[J]. Marta sanz sole，2016，17(2):1433-1452.

[20] DONOHO D L. Compressed sensing[J]. IEEE transactions on information theory，2006，52(4):1289-1306.

[21] 焦李成，杨淑媛，刘芳，等. 压缩感知回顾与展望[J]. 电子学报，2011，39(7):1651-1662.

[22] 何昭水，谢胜利，傅予力. 信号的稀疏性分析[J]. 自然科学进展，2006,16(9):1167-1173.

[23] 李焦赞，高正红. 多变量气动设计问题分层协同优化[J]. 航空学报，2013，34(1):58-65.

[24] 杜祜康，赵英凯. 整数规划问题智能求解算法综述[J]. 计算机应用研究，2010，27(2):408-412.

[25] 王红州，张兵，王华华，等. 直升机旋翼气动弹动力学优化策略(Ⅱ)——多

目标优化解法研究[J]. 应用力学学报，2013，30(2):217-222.
[26] 谌忠瑞. 多目标优化设计博弈分析方法的研究与应用[D]. 浙江大学，2013.
[27] FIEDRIC F，GEHBAUER F，RICHKERS U. Optimized resource allocation for emergency response after earthquake disasters[J]. Safety science，2000，35(1):41-57.
[28] DAVID V. A reinforcement learning approach to dynamic resource allocation[J]. Engineering applications of artificial intelligence，2007，20(3):383-390.
[29] COBURN A W. Factors determining human casualty levels in earthquakes: mortality pre-diction in building collapse[C]// World conference on earthquake engineering，1992.
[30] PAULLI J. A computional comparison of simulated annealing and tabu search applied to the quad-ratic assignment problem[J]. Applied simulated annealing，1993，85-102.
[31] SHIONO K，KRIMGOLD F. A computer model for the recovery of trapped people in a collapsed building，development of a theoretical framework and direction for future collection[C]// International workshop on earthquake injury epidemiology for mitigation and response. Baltimore:Johns Hopkins University，1989:260-295.
[32] JEFFAY K，GODDARD S. Rate-based resource allocation models for embedded systems[C]// International workshop on embedded software，2001:204-222.
[33] 卢晓珊. 设施选址问题的数学模型和优化算法研究[D]. 北京:北京化工大学，2009.
[34] DODAGOUDAR G R，VENKATACHALAM G. Reliability analysis of slopes using fuzzy sets theory[J]. Computers and geotechnics，2000，27(2):101-115.
[35] WATTS D J，STROGATZ S H. Collective dynamics of small world net-

works[J]. Nature, 1998, 393(6684):440-442.

[36] BARABAS A L, ALBERT R. Emergence of scaling in random networks [J]. Science, 1999, 286(5439):509-512.

[37] 汪小帆，李翔，陈关荣. 复杂网络理论及其应用[M]. 北京：清华大学出版社，2006.

[38] 赵丽丽，唐镇，王建勇，等. 基于复杂网络理论的时间序列分析[J]. 上海理工大学学报，2011，33(1):47-52.

[39] 韩忠明，陈妮，乐嘉锦，等. 面向热点话题时间序列的有效聚类算法研究[J]. 计算机学报，2012，35(11):2337-2347.

[40] ZHANG J, SMALL M. Complex network from pseudoperiodic time series: topology versus dynamics [J]. Physical review letter, 2006, 96 (23): 238701.

[41] LACASA L, LUQUE B, BALLESTEROS F, et al. From Time series to complex networks: the visibility graph[J]. Proceedings of the national academy of sciences of the United States of America, 2008, 105(13):4972-4975.

[42] MARWAN N, DONGES J F, ZOU Y, et al. Complex network approach for recurrence analysis of time series[J]. Physics letters a, 2009, 373(46): 4246-4254.

[43] WANG J B, YANG H J. Complex network-based analysis of air temperature data in China[J]. Modern physics letters b, 2009, 23(14):1781-1789.

[44] DONNER R V, ZOU Y. Recurrence networks: a novel paradigm for nonlinear time series analysis[J]. New journal of physics, 2010, 12(3):033025.

[45] SIROVICH L. Turbulence and the dynamics of coherent structures: Part Ⅰ-Ⅲ[J]. Quarterly of applied mathematics, 1987, 45:561-590.

[46] SARKAR A, PAIDOUSSIS M P. A compact limit-cycle oscillation model of a cantilever conveying fluid[J]. Journal of fluids and structures, 2003, 17 (4):525-539.

[47] SARKAR A, PAIDOUSSIS M P. A cantilever conveying fluid: coherent

modes versus beam modes[J]. International journal of non-linear mechanics, 2004, 39(3):467-481.

[48] KUNISCH K, VOLKWEIN S. Galerkin proper orthogonal decomposition methods for parabolic problems[J]. Numerical mathematik, 2001, 90: 117-148.

[49] 邹垚，梁枢果，邹良浩. 基于本征模态修正的POD法在风场重建中的应用[J]. 土木工程学报，2010(S1):305-309.

[50] 章李刚，楼文娟，黄铭枫. 基于POD法控制模态选择的大跨屋盖结构风致动力响应分析[J]. 浙江大学学报(工学版)，2012，46(9):1599-1604.

[51] 赵国藩，金伟良，贡金鑫. 结构可靠度理论[M]. 北京:中国建筑工业出版社，2000.

[52] 金伟良. 工程荷载组合理论与应用[M]. 北京:机械工业出版社，2006.

[53] 刘宁. 可靠度随机有限元法及其工程应用[M]. 北京:中国水利水电出版社，2001.

第一篇

感知系统提升

感知系统的提升既包括人工监测系统的自动化，自动化监测系统的可靠性提升、功耗优化与智慧路由，也包括数据采集的自适应、数据异常自诊断、安全模式的自识别和安全状态的智能预警等方面。本篇重点针对大型调水工程渠段安全监测系统提升，围绕监测项目更合理、测点布置更优化、监测仪器更可靠和监测系统更智能展开，涉及监测仪器的结构优化、能量管理、数据管理等方面。

第1章 新型监测仪器选型

当今世界已经进入信息时代，信息技术成为推动科学技术和国民经济高速发展的关键技术。著名科学家钱学森曾指出："信息技术包括测量技术、计算机技术和通信技术。测量技术是关键和基础"。信息通常是通过测量技术和测量仪表获得的。仪器仪表是对物质世界的信息进行测量与控制的基础手段和设备。因此，仪器仪表（特别是测量仪器仪表）是信息产业的源头和重要组成部分，同样也是工程安全监测行业的源头和重要组成部分。工程安全监测行业的要素包括信息的获取、存储、传输、处理和利用，而信息的获取正是靠传感器和测量技术实现的。如果获取的信息是错误的或不准确的，那么后继的信息存储、传输、处理和利用都是毫无意义的。因此，工程安全监测仪器仪表是调水工程项目安全监测实施的关键和基础。

调水工程安全监测项目一般是通过将相关传感器埋设、浸入或外置于调水工程建筑物的内部及外部，进行相关物理量的监测，及时上报相关监测信息为安全预警提供数据支撑。我国的安全监测项目工作始于二十世纪五十年代，近七十年的科技和国民经济高速发展，除了要求监测仪器能在恶劣环境下长期稳定可靠运行外，设计和使用管理部门还要求制造厂家生产的工程安全监测仪器仪表结构牢固、密封耐压、使用维护方便、便于数据采集及操作。近年来，工程安全监测仪器仪表为了满足工程需要，得到了迅猛的发展。

根据对失事先兆的敏感性以及监测方法的适用性，本章介绍调水工程新型监测仪器的结构、测量原理、实际用途、主要技术指标及维护要求等。

1.1 固定式测斜仪

基于微机电系统 MEMS 设计的固定式测斜仪被设计用于长期监测大坝、基础墙、边坡等类似建筑的变形。仪器的基本原理是利用在建筑物内部钻孔，装入倾斜仪传感器，以测量建筑物或结构内部的倾斜状态。在钻孔内安装多只倾斜仪可以更加准确地监测建筑物或构筑物内部的变形情况。

北京基康 BGK6150D 型 MEMS 固定式测斜仪是比较具有代表性的产品，其具有 RS485 接口，采用标准 Modbus 协议，数字输出倾斜量和温度，如图 1.1 所示。BGK6150D-2 为双轴传感器，默认为双电缆出线，适用于首尾相连的多只级联。单电缆出线需定制。

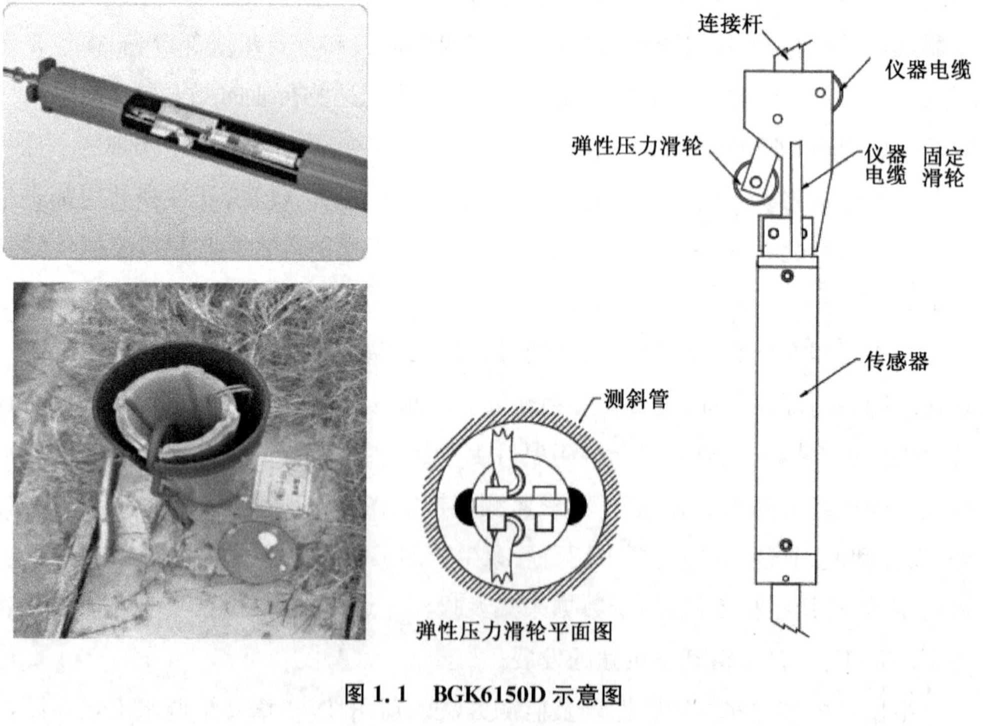

图 1.1 BGK6150D 示意图

1.1.1　仪器安装

传感器在安装之前需进行检验，可将传感器接入 BGK-Micro40D、BGK8001DS 数据采集仪、RB501 测斜仪专用读数仪进行检验。传感器输出电缆线序及电缆定义为：红与黑组导线为电源输入，绿（RS485＋）与白（RS485－）为 RS485通信线。通过改变传感器姿态粗略观察传感器读数是否正常。需要注意的是：

由于一条线上连接的多个 BGK6150D 的 RS485 地址不能重复，请安装前确认或修改仪器的 RS485 地址。

设计指标为一条 RS485 总线上最多可以接入 16 只 BGK6150D(总线长度在 200 m 内)。如果总线长度大于 200 m，建议根据现场情况进行试验，或减少读数设备与 BGK6150D 之间的通信距离(减少总线长度)，或减少接入一条总线上的 BGK6150D 的数量。

组装顺序如下：

① 连接安全绳（钢缆），根据需要连到底部滑轮带螺丝孔的部件，保险绳可选用尼龙绳或合适的钢丝绳。

② 将第一段连接管接到底部滑轮组件上，这段管的长度以设计的尺寸为准(某些情况下，两根以上的管可用连接件连在一起)。用配套的螺丝、螺母连接安装，并在螺纹连接处滴一滴螺纹固剂将安装好的螺丝锁紧。若螺丝不能通过连接处，要用钻扩孔(仪器安装图如图 1.2 所示)。

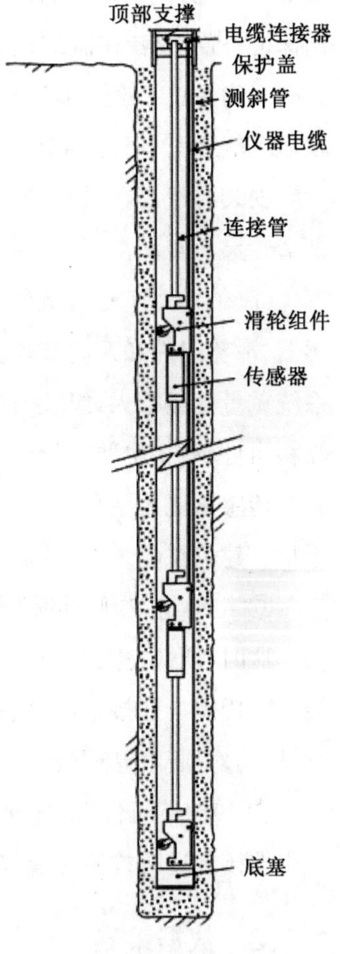

图 1.2　BGK6150D 安装

③ 安装传感器。安装时应注意仪器的方向，即仪器上标有“A＋”的方向。顶部传感器通常与滑轮组件连接，固定轮与倾斜的正方向一致。安装双轴传感器时，将齐靠底部的传感器连接然后进行检验，顶部仪器顺时针旋转 90°的位置(通常使

用专用部件刚性连接)，如图 1.3 所示。

④ 仪器装好后，即可使用安全绳索或钢缆放入测斜管。双轴传感器应确保顶部轮件指向“A+”方向。通常“A+”方向与预期的位移方向，即被监测的开挖方向保持一致，或者在监测边坡的稳定性时偏向下坡的方向。确保底部轮件和万向节也按该方式连接并确保仪器下落过程中不会旋转。

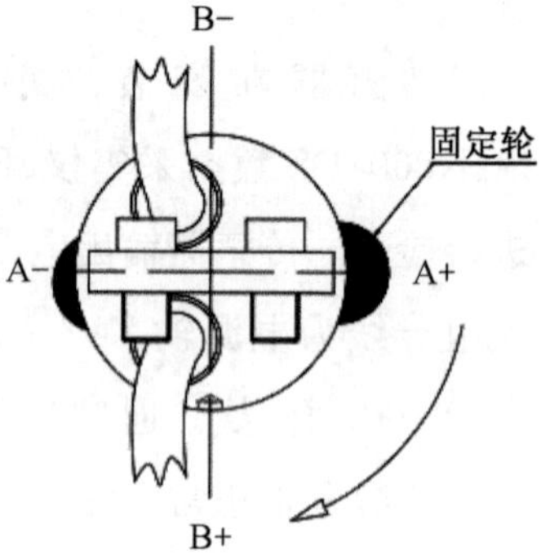

图 1.3 双轴传感器方向

安装时建议在滑轮轴承上涂抹适量的机油，以保证滑轮灵活转动。

⑤ 在测斜管上端组件固定的同时，将另一组传感器、滑轮组件和万向节连接并降至同一方向。这时系统重量已经很大，组装时要使用压力钳以免测斜仪组件掉入孔中。建议使用绞盘将组件牵引，也便于传感器的检查、维修或回收。

传感器沉入钻孔后，应将电缆盘起，随着仪器的下沉，逐渐放入，以免电缆相互干扰。建议在电缆上每隔一段距离做上标记，以免混淆。

⑥ 继续组装剩下的仪器连接管、传感器、滑轮组件，直到安装完最后一个传感器。这时，顶部托架必须与上部的滑轮组件(或仪器连接管)相连接。组件与滑轮(或管)用螺栓连接，方法同前。然后降至顶部托架的位置。测斜管口必须相对平直，以防对顶部传感器轮件产生干扰。

⑦ 传感器就位后，连接电缆至读数位置，并进行终端连接或固定。安装完毕可立即读数进行检验。建议系统稳定几小时后，再采集记录初始读数。

1.1.2 数据采集

1.1.2.1 接线方式

传感器端子定义及连接方式如下：

红线＝12 V 直流电源＋

黑线＝接地(－)

绿＝RS485＋

白＝RS485－

裸线＝屏蔽线

注：使用时将屏蔽线与电源地（黑线）连接接入采集设备。

1.1.2.2　数据处理

1. 偏移量计算

顶部偏移量等于各段偏移量的总和。每一段的偏移量可通过 $L\sin\theta$ 计算得出。这里 L_0、L_1、L_2 分别是指各个传感器的长度，θ_0、θ_1、θ_2 是这段传感器测得的垂直面方向的初始偏移角度（BGK6150D 直接输出角度，单位为°，θ 值的正负表示传感器偏移的方向）。θ_0'、θ_1'、θ_2' 是这段传感器测得的垂直面方向的变化后偏移角度。将每段的偏移量累加，即得出测斜管管口的偏移量。如图 1.4 所示。即：

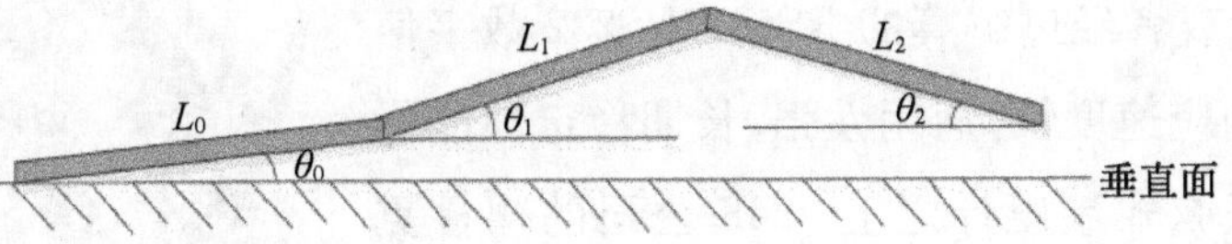

图 1.4　偏移量计算图

传感器安装完成后，其初始偏移量为：

$$D_0 = L_0\sin\theta_0 + L_1\sin\theta_1 + L_2\sin\theta_2 \tag{1-1}$$

如果使传感器变化一定的角度，则总的偏移量为：

$$D' = L_0\sin\theta_0' + L_1\sin\theta_1' + L_2\sin\theta_2'$$

偏移变化量 ΔD 为：

$$\Delta D = D' - D_0 \tag{1-2}$$

2. 环境因素

安装测斜仪是为了监测现场条件，对于影响这些条件的因素都要进行观测、记录。有时一点小变化可能会对检测仪器的结构特征产生重要影响，但也可能是对潜在问题的早期征兆。以下是其中一些因素，但不仅限于此：暴风、降雨、潮汐或水库水位、开挖与填筑、交通、温度、大气压变化、周围建筑人员活动、季节变化等。

1.2 硅谐振水位计

可用于调水工程安全监测项目中的地下水位计种类有很多，根据预算费用及监测精度的要求，可采用普通的渗压计，也可以采用高精度进口渗压计产品，另外国内陶瓷电容水位计、硅压阻及硅谐振水位计均可以满足一般监测要求。在具体项目实施过程中选用何种仪器要考虑其实用性和后期推广规模。

硅谐振高精度水位计可采用美国通用公司的GE UNIK5000 系列通用液位传感器，其采用 7～32 V直流供电，输出低压 25～40 kHz 的方波频率信号、电流信号或者经过解算的 RS485/RS232 数字信号，该仪器响应速度快，通用性强，长期稳定性能优异，精度在振弦式渗压计之上。GE 公司的德鲁克PTX5032-TB-A3-CA-H0-PW，量程 30 m，精度±0.04% FS，如图 1.5 所示。

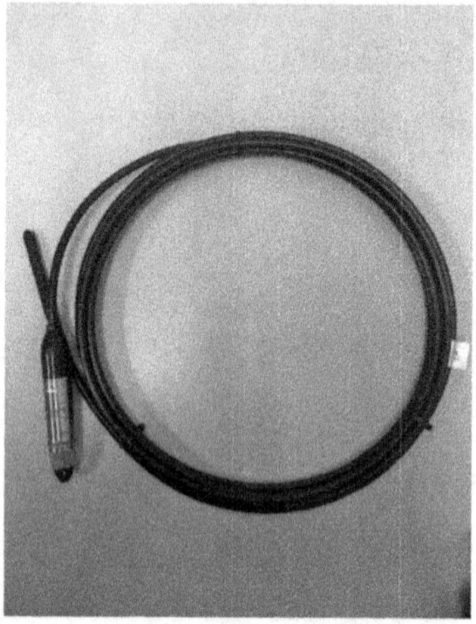

图 1.5　硅谐振高精度水位传感器

仪器相关技术参数如下：

型号：PTX5032-TB-A3-CA-H0-PW

量程：300 kPa 绝压（相当于－100 k～600 kPa 表压）

壳体及压力接口材质：不锈钢 316 L，

防护等级：IP68，

电缆材质：聚亚胺酯

电器特性：7～32 V DC 供电，4～20 mA 电流模拟信号输出

测量精度：±0.04% FS

工作温度：－40～＋80 ℃

补偿温度：－10～＋50 ℃（保障精度的温度范围）

压力接口：G1/4 内螺纹直通开口

1.3 土壤墒情传感器

1.3.1 仪器概述

土壤水分贮存量及其变化规律的监测是农业气象、生态环境及水文环境监测的基础性工作之一。掌握土壤水分变化规律，对指导农业生产、墒情监测预测、生态环境监测以及理论研究都具有重要意义。在调水设施的安全监测中引入土壤墒情传感器可以读取相关渠道护坡或水工建筑物边坡等处的土壤含水信息，可以与降雨量数据联合分析地表水信息，同时建立与地下水水位的联系。

插管式墒情传感器是比较常用的一类土壤水分采集仪器，该类仪器一般利用FDR原理，根据传感器发出的电磁波在不同介电常数物质中的频率变化，通过构建的数学模型，计算出被测土壤的含水量。它具有监测连续、数据精度高、仪器安装简便、不破坏土层结构、无放射性和自由测量不同深度土壤含水量等特点。

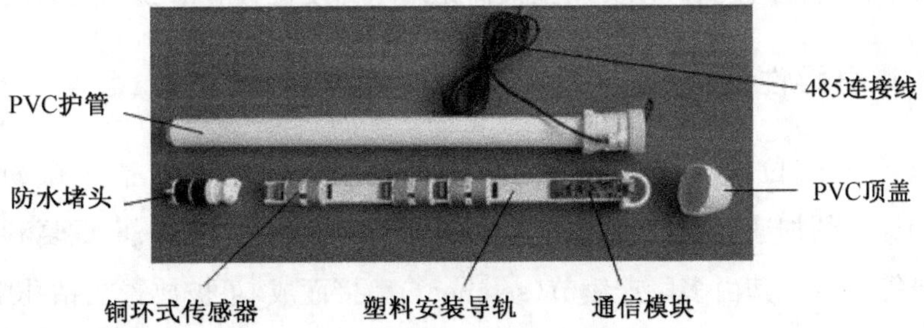

图 1.6　三层插管式传感器组成

1.3.2 仪器构成

插管式墒情传感器装配有铜环式传感器，具体应用时可根据需要安装多个传感器，间距可设定。仪器内部包含一定数量的铜环式传感器和传感器通信处理板，测量不同层次传感器的频率后，根据已经建立好的频率-水分数学模型，分别计算出每层的水分值，通过 RS485 总线，将数据传送给采集器进行进一步处理。

传感器的安装一般须由专业人员进行。通过专业工具将 PVC 管插入地下，并将管的下端密封，以保护传感器。将组装好的整根传感器插入 PVC 管，然后用套头将管的上端密封。从传感器的安装地点将 RS485 线引入到室内的采集器（电源箱）是一件比较重要的工作，为保持 RS485 线的寿命与安全，建议走暗线，同时须防止老鼠对线的撕咬。

1.4 柔性位移计

柔性位移计是近几年新兴发展起来的一类基于微机电系统（MEMS）传感器的具有一定自由度的"软体"传感器，一般也称作阵列式位移计，其由一节节独立的"刚性段"组成，每一节"刚性段"内集成了高性能加速度传感器，通过加速度在垂直方向上的分量大小来监测每一节"刚性段"与垂直方向的夹角，再通过相应计算得出相关位移值。该测量系统主要适用于土体水平位移及剖面分层沉降监测，特别适合边坡、渠道护坡等内部变形较大的深层位移监测，以及堆石坝混凝土面板挠度、路基沉降等挠度监测。该类新型仪器是未来深度位移和滑坡监测的发展方向。

1.4.1 华思柔性位移计

华思阵列式位移计（SAA：Shape Accel Array）是一种基于微机电系统（MEMS）原理的加速度和位移的传感器，具有 3D 测量、精度高、可重复利用、自动实时采集等特点。其由多段连续节（segment）串接而成，可被放置在钻孔中或嵌入结构内实现变形监测。华思柔性位移监测系统现场安装应用如图 1.7 所示：

最大长度可以达到 100 m；

每段长度：30 cm、50 cm、100 cm；

每个段三个 MEMS 加速计；

各段之间通过柔性接头连接；

长期精度：±1.5 mm/32 m；

输出：数字式，RS485 输出。

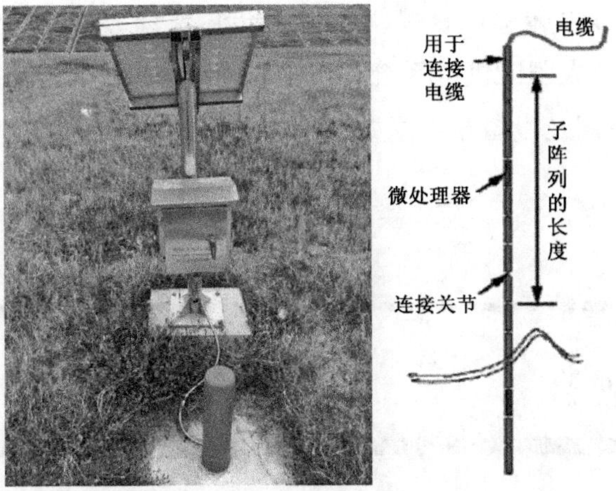

图 1.7　华思柔性位移监测系统

华思 MEMS 柔性位移计相关选型表及系统配置如表 1.1 所示。

表 1.1　华思 MEMS 柔性位移计相关选型表及系统配置表

编号	产品名称	单位	备注
1	阵列位移计 20 m	条	型号：HS-ADMF-1000-20
2	阵列位移计 15 m	条	型号：HS-ADMF-1000-15
3	阵列位移计 10 m	条	型号：HS-ADMF-1000-10
4	4G 综合采集器	套	型号：HS-C1000
5	太阳能供电系统	套	型号：HS-TYN100 包含太阳能电池（铅酸蓄电池/12 V 100 AH）、太阳能板（100 W、单晶）、太阳能控制器（12/24 V 自适应，10 A）、地埋箱（150 AH）、固定立柱架、防雨箱
6	防雷系统	套	型号：HS-FL200-1.8B 包含避雷针（雷电通流容量 kA：200 电阻 Ω：≤1）、接地网
7	测斜管卡件	个	型号：HS-CXK70 配套 5 * 14 平头螺丝 220 颗
8	延长线缆	米	型号：HS-SL754 根据施工实际情况配备
9	设备扩展线缆分接头	个	型号：HS-FJ12 根据施工实际情况配备
10	线缆直通连接头	个	型号：HS-ZT2 根据施工实际情况配备
11	云平台系统	套	型号：HS-Cloud 华思云平台

具体施工时，每个深部位移测斜孔采用一套设备，长度根据具体需要进行配置，每条设备都配上太阳能供电系统与防雷系统，通过一个云平台统一管理起来。具体解算方法示意图及设备布设图如图 1.8 及图 1.9 所示。

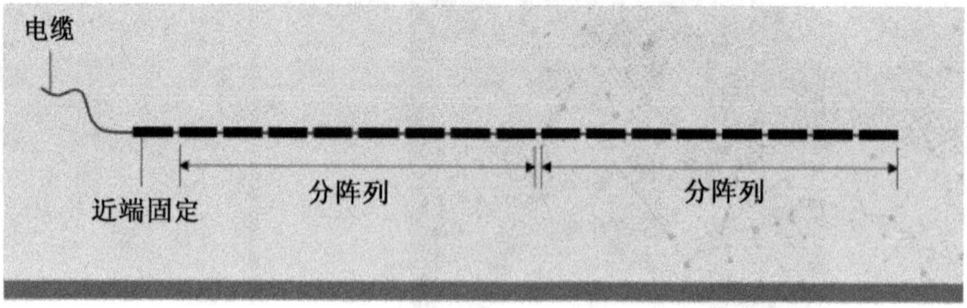

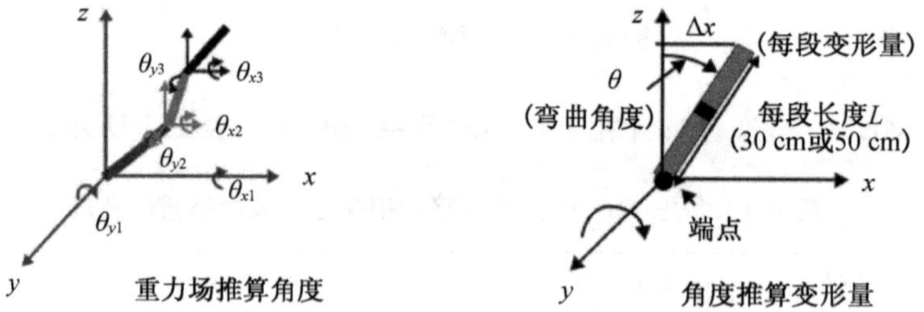

图 1.8　柔性位移计解算示意图

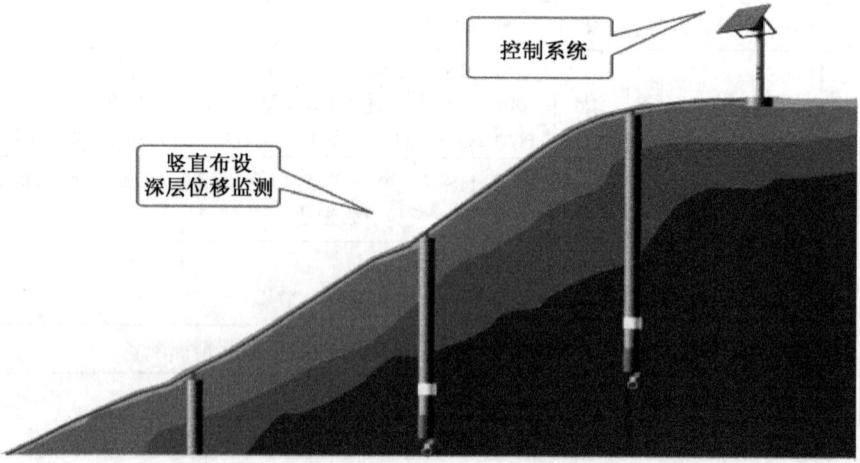

图 1.9　柔性位移计现场布置示意图

1.4.2　基康柔性位移计

1.4.2.1　仪器概述

BGK-6150SI 基康柔性位移计，即多维度变形测量系统主要适用于土体水平位移及剖面分层沉降监测，特别适合边坡等内部变形较大的深层位移监测，以及堆石坝混凝土面板挠度、路基沉降等挠度监测。该装置具有较大幅度的任意角度柔性适应能力(轴向±90°范围内任意弯折)，以充分适应土体，在发生较大剪切变形时仍能持续可靠地工作并真实反映整个型面的位移变化状态。装置采用细直径设计，现场安装简单方便，即埋即测，获得初始数据及时。

多维度变形测量装置是测量系统的核心敏感元件，是一款基于连续测斜原理设计的高精度一体式测量装置，它是由数个长度为 0.5 m 或 1 m 的刚性传感器节点首尾连接而组成的一个传感器阵列，传感器节点之间采用可自由弯曲的柔性节连接，以适应监测界面的较大变形，如图 1.10 及图 1.11 所示。多维度变形测量装置外径为 Φ35 mm，长度可定制。该装置采用整体防水密封结构，能在各种恶劣环境下工作，主要技术指标见表 1.2。

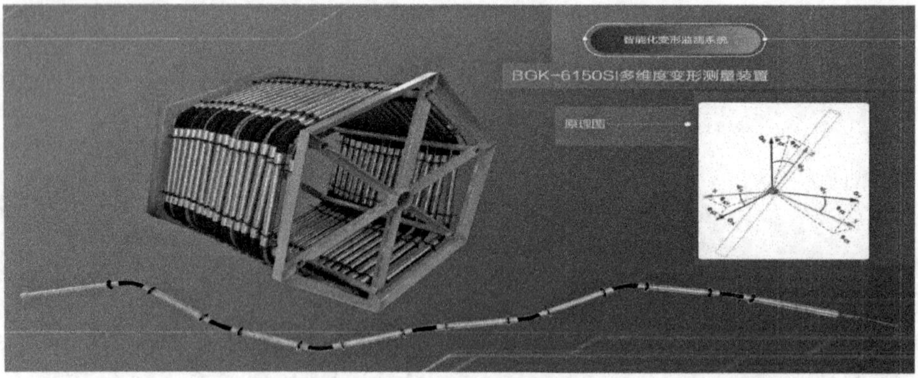

图 1.10　仪器外形图

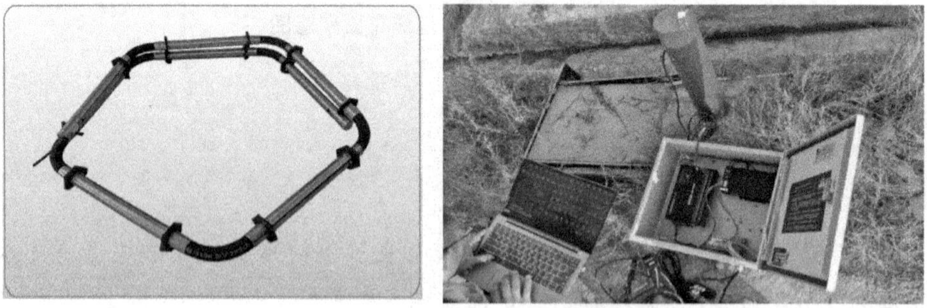

图 1.11　基康多维度位移监测装置

表 1.2　BGK-6150SI 仪器参数表

测量维度	3 个维度（X、Y、Z 三向）
直径	Φ38 mm
角位移量程	0°～360°
倾斜分辨力	0.000 05（相当于 0°附近 10″）
位移分辨力	0.1 mm@500 mm
倾斜测量精度	0.1%FS
系统稳定性	优于±2 mm/32 m
信号输出	RS485 数字式（MODBUS 协议）
工作温度	−20～+60 ℃
仪器长度	可选每节 0.5 m 或 1 m，仪器总长度可定制

该装置具有以下特点：

① 结构简单，安装方便；

② 相较于传统活动或固定式测斜仪安装更加灵活，应用范围更广；

③ 具有与活动式测斜仪相同的测量精度及更好的重复性；

④ 作为剖面分层沉降监测装置，无需设置反坡，无需观测房，施工简单迅速。安装完毕即可获取完善监测数据，与传统的水管式沉降仪相比数据更加可靠完善。

1.4.2.2　多维度变形测量装置安装方式

与传统的固定式或活动式测斜仪不同的是，多维度变形测量装置安装不需要专用的测斜管，安装方式非常灵活，根据不同的应用环境，不仅可以预埋安装，也可以直埋安装，还可以在钻孔中用套管方式安装。此外，由于传感器节点在安装时不受导轮或导槽等方向限制，直接插入预留的（钻孔中）套管或直接埋入预留的沟槽中即可，主要有以下几种方式：

1. 水平预埋安装

预埋安装方式一般被用于填筑土体的被测环境中，主要适用于在方便操作的水平或斜坡工作面上安装，如用于渠堤、公路路基等类似采用堆填或回填方式的施工环境中。

渠堤中埋设安装如图 1.12 所示。

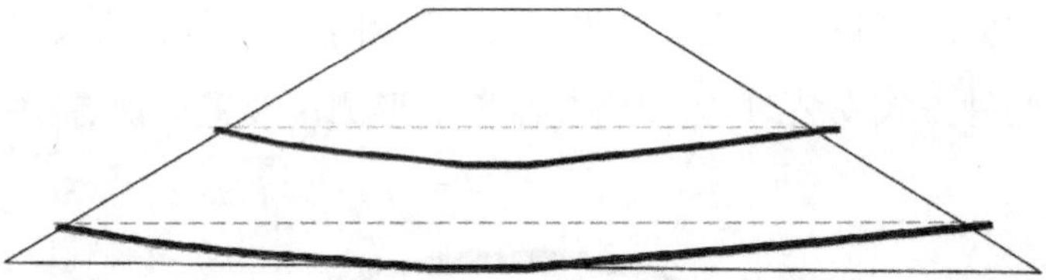

图 1.12　多维度变形测量装置在渠堤中预埋方式效果示意图

① 当用于渠堤中做剖面沉降监测装置时，安装方法与土石坝监测规范相符，并建议穿热镀锌钢管保护后直接埋设在预留的沟槽中，其回填料与常规仪器相同。金属保护管采用 2 英寸[①]的热镀锌钢管，接头管采用 2.5 英寸、长 0.5m 的热镀锌

① 1英寸等于 2.54 厘米。

钢管，如图 1.13 所示。

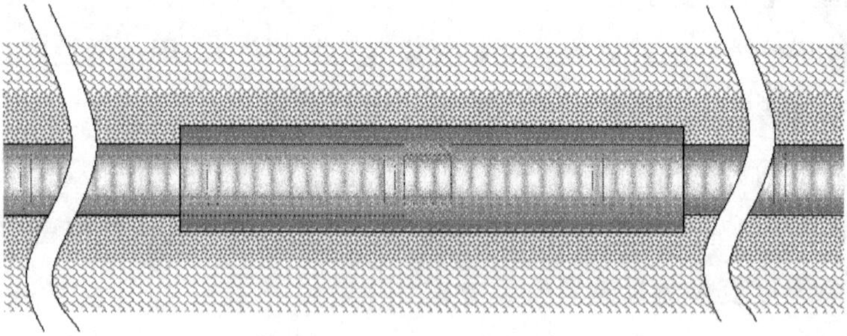

图 1.13 多维度变形测量装置在土石坝施工环境中的安装保护示意图

② 当用于建筑设施或地表的变形监测时，如在公路、铁路路边沿排水沟挖槽埋设，用于监测公路、铁路轴线的路基沉降时（如图 1.14 所示），通常可直接埋设，但必须注意避免形成渗流通道，因此可以采用外套柔性 PE 保护管进行保护，接头需做好密封处理，在沟槽埋设时，还应在沟槽中每隔一定间距（推荐 1.5 m）用膨润土回填以形成阻水塞。多维度变形测量装置并不局限于在水平面沿直线布局，还可弯曲布置，乃至在斜坡面和起伏形监测区域都可以采用直接埋设的方式安装，如对矿区采空区地表沉降监测等。直接埋设比较简单，通常开挖宽度 20 cm 左右、深度大于等于 30 cm 的沟（取决于现场的需要），底部夯实，垫 5 cm 的细沙或黏土等材料，将多维度变形测量装置直接敷设，再回填相同材料，人工夯实即可。

注意：按此种方式安装时，需要将多维度变形测量装置标识有“▶▶”符号的一面朝上。

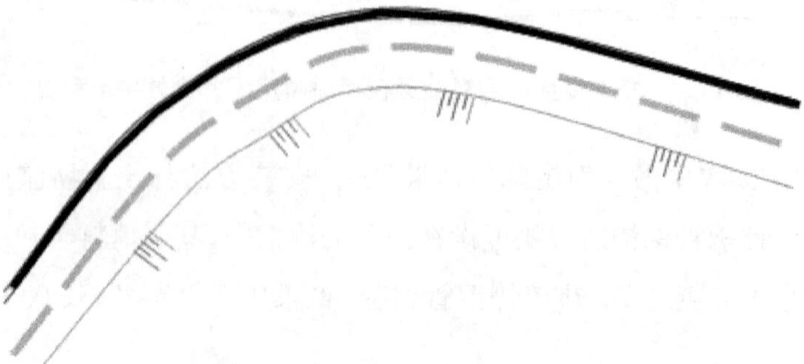

图 1.14 渠堤马道沉降监测布置示意图

③ 斜坡面预埋安装方式主要适合于在堆石坝面板、垫层料或土体施工环境中使用，也可通过在面板或混凝土中预埋保护钢管的方式进行安装，但预埋保护管方式应注意面板拼缝处的管连接处理，因这种安装具有一定风险，较大的剪切作用容易造成系统失效。类似混凝土或砌石护坡中斜面上的预埋，也可参考本方式，如图 1.15 所示。

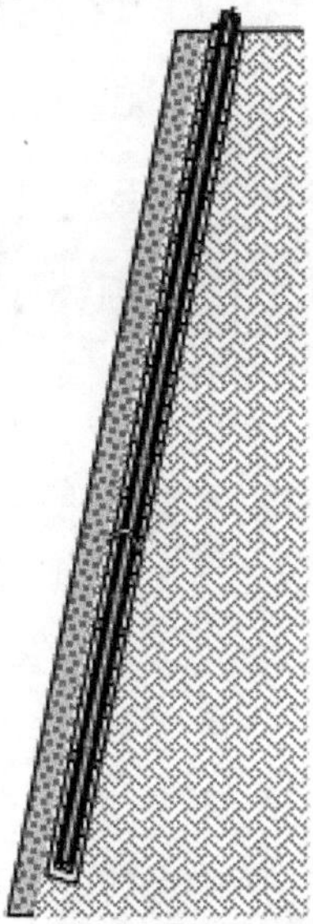

图 1.15　斜坡安装

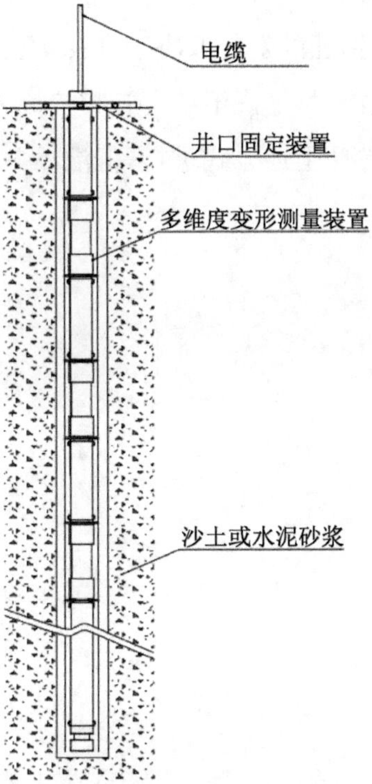

图 1.16　钻孔安装

由于多维度变形测量装置是一个整体的线性阵列体，其表面具有较大的磨擦力。为降低因重力作用带来的阻力，钻孔安装适合铅直向 0±30°范围的安装（对应深度 64 m～30 m）。但在深度较浅时，允许在较缓的钻孔倾角中安装，甚至在水平钻孔中安装。

2. 垂直钻孔安装

垂直钻孔安装在此指铅直方向 0±3°范围内的钻孔安装，如图 1.16 所示，这种安装通常采用套管安装，由于阻力较小，因此深度一般为 60 m，最深可达 100 m（注意：钻孔安装时钻孔深度要比实际要求的传感器长度长 1 m 左右）。

钻孔孔径大于等于 110 mm，建议采用填沙方式回填保护管与孔壁之间的空隙。如果需要，可以采用灌浆方式回填，但应采用水泥与膨润土的混合浆料（比例 1∶3 至 2∶1，取决于钻孔周边材料的弹模），以保持回填料具有较低的弹模，避免局部大变形产生的剪切作用导致传感器受损。

3. 其他倾角钻孔的安装

其他倾角钻孔的安装取决于孔深，孔深较浅时允许如正垂钻孔一样加套管安装。当孔深较深时，允许不装套管直接插入钻孔中，这种方式应进行回填灌浆或灌沙，回填浆料参照上述方式进行，但灌沙并不适用较小水平倾角的钻孔。

第 2 章　智能一体化测量装置研制

2.1　研制背景

工程安全监测数据自动化采集装置是工程安全智能感知系统组成中的最重要的环节，它的稳定性及相关精度直接决定了系统的可靠性及数据精度指标。目前国内外的工程安全监测自动化数据采集装置主要有：美国 Geomation 公司的 2380 系统、南瑞 DAU2000 型数据采集单元系统、水利部南京水利水文自动化研究所的 DG-2010 型分布式大坝安全监测自动化系统、基康仪器 8002 系列分布式网络测量系统、长江水利委员会长江科学院的 CK-MCU 自动化数据采集单元等。总体而言，国外公司的自动化数据采集模块环境适应性较强、测量精度高、测量重复性好、通信方式多样可选、测量补偿电路完善、整机功耗低、故障率低，当结合外国高品质传感器使用时，整个系统的可靠性较高，但缺点在于整个系统价格高，国内人员在日常维护以及更换配件等方面缺乏技术支持和足够的资金保障，就长期使用而言代价较高。国内主流数据采集系统在精度、可靠性、测量补偿、环境适应能力以及功耗等方面都与国外先进水平存在差距。

结合长距离调水工程安全监测的实际应用场合和要求，实际运用中功耗低，能在特殊情况下仅使用小型锂电池供电的产品，在国内国外并不多，其产品主要以基康为代表。国内主要厂家的数据采集模块功耗多在毫安级的水平，需要最低考虑含有充电功能的供电方式，在某些情况恶劣的监测现场，存在无光照、防盗难、不易架设太阳能充电板等情况，如果模块的待机功耗不能降到微安级的水平，长时间的无人值守会使得普通的铅酸蓄电池难以满足应用。在相关的监测数据采集模块的研发中,需要充分考虑现场低功耗以及长期无人值守的客观要求,将电路低功耗设计技术应用到相关模块之中,使得模块的待机电流降到了 20 微安以内,将毫安级的待机电流下降 50 倍以上,这样可以大大提高系统的节电水准,可以满足长距离调水监测应用现场对供电的苛刻要求。

另外,新研制的低功耗数据采集模块具备特有的通用性,目前市场的其他同类型产品多为针对各类型传感器的独立测量模块,或为通用底板加各类型插板的组合,前一类型互换性较差,一种模块智能测量一种类型的传感器,一旦损坏必须专门购买对应的测量模块进行替换,维护工作量大。后一种虽然模块整体架构及底板具有一定的互换性,但是具体的测量小模块仍然具有无可替代的专用属性,在实际使用中仍需独立进行维护。在南水北调项目中实际使用的低功耗数据采集模块只有一个通用型号,模块每个通道都可以设置为测量不同的传感器类型,模块可混合接入多种类型的传感器,如振弦式、差阻式、电位器式、RS485 式、标准电压电流量式等,模块发生损坏直接进行替换,无需考虑接入的传感器类型,更换后将每个测量通道的接入传感器类型进行设置即可,互换性和可维护性大大提高。

一个完整可靠的工程安全监测自动化数据采集系统除了需要具备稳定可靠的高性能数采模块外,一套与之配套的智能化数据采集分析软件也必不可少。目前相关厂家的数据采集分析软件相对单一,仅根据接入的传感器的类型和数量进行对应采集,采集后一般仅针对具体的独立传感器进行数据分析,得出相应的报表、过程线、趋势图等,而缺乏对相关多个传感器数据的综合性评判和分析,加强多个位置相关或类型相关传感器的联合数据分析能够及时发现更多潜在的问题,提高预判的准确性,为相应智能化预警提供数据支撑。

在新研制的数据采集分析平台软件中我们将根据现场的使用情况,引入对相关雨量计及土壤墒情传感器等地表水监测数据的采集并将其一并纳入相关岩土传感器的数据分析之中。如根据水位变幅情况和重要性,选择完整可靠的典型测压孔,充分考虑其与水位、雨量测量的衔接,实现渗流监测自身状态的自诊断、外部环境自适应和雨量的自修正。另外,根据软件工程学要求,软件中也将开发相关的云平台接口,实现数据自动采集、异常情况的分发、指令设置以及数据的无缝连接。

2.2 应用需求

调水工程项目通常具有长距离的输水渠道，渠道各个部位的受力和建筑材料不同，所以渠道各部位的监测项目也应具有针对性。对以往监测资料分析研究后可以看出，在深挖方段、高填方段、高地下水位段等特殊渠段，由于地下水的作用，特别是大雨过后地下水突然增大时，最容易引起滑坡塌陷。因此，参照《土石坝安全监测技术规范》并结合南水北调中线工程实际情况和监测工程十几年的观测经验，主要从内外部变形监测、地下水监测和测点布置及选择三方面分析变形情况及趋势。

2.2.1 内部变形监测

渠道周边变形监测是重点观察项目，也是高填方稳定的重要监测项目。渠坡滑坡体内部变形监测（或称“倾斜监测”）是表面变形监测的有力补充，钻孔安装测斜仪是进行滑坡体内部变形监测的重要方式。内部存在断层、软弱夹层是滑坡体的成因之一，因此滑坡体的变形往往从内部开始，逐渐发展到表面。内部变形的监测布置应与表面变形监测点结合布置，顺预计滑坡方向形成一个纵断面，钻孔深度上应穿过断层、软弱夹层直至稳定的岩层。测斜仪安装需要钻孔或利用地质钻孔，在钻孔完成后立即进行测斜仪保护管的安装，否则，在滑坡体内部变形或塌孔后就无法将测斜保护管埋入孔中。测斜管安装时，其十字凹槽的一个方向应与预计滑坡方向一致。

2.2.2 地下水监测

地下水监测不是直接测量变形量，而是通过长期测量地下水位，掌握其变化规律，间接地了解滑坡体内部情况。渠坡体的失稳，很大程度上是由于地下水位抬高造成土体含水量升高诱发的，因此两者的变化一般是相关的。对部分滑坡体的治理就是通过降低地下水位来防止滑坡事故发生的。测量地下水位，可以利用现有的地质钻孔埋设渗压计实现，以降低监测成本。渠坡的渗流监测，常采用测压管或埋设渗压计的方式来测量渠坡浸润线，同时测量地下水位来判断渠坡或渠底有没有发生渗流破坏。测量地下水位，目前已是一项非常成熟的技术，可以方便地实现自动化远程测量。

2.2.3 测点布置及选择

1. 内部变形

内部变形监测主要通过布设测斜管和铺设柔性位移计进行观测，测点布置除可结合表面变形测点外，还应紧密结合渠段地质地形条件和渗流监测测点布置情况确定。

2. 渗流及地下水监测

渠道边坡的渗透压力可通过埋设渗压计或者测压管方式进行观测。

① 特殊渠段(包括高填方、深挖方、膨胀岩土)的渗透压力监测断面应当加密，以减少监测盲区。

② 深挖方和高渗透水压力渠段测点的数量根据渠道开挖轮廓线、防渗设施的布置和地质条件等因素确定，以能测出渠坡地下水浸润线或渗透压力的分布及其变化为原则，单侧渠坡的测点数量不宜少于 2 个，渠底测点数量不宜少于 1 个。

③ 高填方渠道过水时，渠内水位高于周边地面高程，渠基和背水侧渠坡可能产生集中渗漏通道，导致渠堤发生渗透破坏。渠堤内的渗透压力一般通过渗压计进行监测。渗透压力监测断面应与变形监测断面结合布置，测点的数量以能测出渠堤内渗流浸润线分布及其变化为原则，一般将渗压计布置在渠道防渗层之下和开挖填筑面附近。

④ 膨胀岩土渠段的渠坡变形与地下水位及土体含水量密切相关。边坡地下水位可通过渗压计进行监测，测点的数量根据渠道开挖轮廓线和地质条件等因素确定，以能测出渠坡地下水位线分布及其变化为原则，一般在左、右岸渠坡，渠底及下坡脚各布置一个测点。土体含水量及吸力(张力)可通过埋设含水量计和吸力计进行观测，一般在渠坡马道及渠底部位竖直钻孔，以单孔单点的方式进行埋设，监测范围在开挖面以下 3 m 以内，分别监测不同深度的土体含水量及吸力变化。

调水工程建设中的土方工程存在许多高填方、深挖方渠段，其安全状态一直是管理部门十分关心的问题。渗漏、倾斜、沉降、位移是调水渠道或调水工程主要水工建筑物的重要监测项目，但到目前为止，许多监测项目还是采用人工监测，数据精度和同步性难以得到保证，特别是在恶劣条件下，人工巡测的难度很大，实施起来费时费力。另外尽管有些监测点已经实现自动化，但由于采集装置电源管理问题和各家采集系统各不兼容，迫切需要开发统一转换软件，实现监测数据集中统一分析。针对恶劣应用环境应研发具备高可靠、易维护、易安装的通用型数据采集系统，该系统不仅应具有功耗低、抗扰能力强、数据多重备份等特点，而且还应具有多类型传感器测量接口、多通信方式接口、多电源类型接口等以适应现场应用的优点。此外，该系统研制开发的图形化成果发布软件应具有界面友好、显示直观、操控性强等优点。该系统通过现场数据测控采集单元(MCU)可将若干渗流监测断面或倾斜监测点纳入日常监测，每个相关位置的渗压计、水位计、倾斜仪、雨量计以及土壤墒情传感器等就近接入 MCU，若干个断面的 MCU 通过公网或自组网将相关监测结果以无线方式传输至中心计算机，由系统软件分析相关数据并给出监测结果，最终以图表的方式反馈给监控人员。

输水渠道边坡测斜自动化监测项目需要相应的模块接入固定式 MEMS 双轴测斜传感器、高精度硅谐振水位计及渗压计，除此之外，对于构成多要素完整监测系统另加入的大气压力传感器、土壤墒情传感器、翻斗式雨量计等传感器，配套模块也要能够有效采集相关数据。相关测控模块要求具备的基本参数及指标如下：

工作方式：单向自报式或双向应答式，平时可采用定时单向测量自报式，遇到突发水情或自然灾害可能对调水工程设施产生威胁时则需要采用双向应答测量报数方式，加大测量频次等方法。自报测量间隔可设置为 3、5、10、30 min；1、2、3、4、6、8、12、24 h 上报一次。参照水雨情监测规范可每天 8 点自报一次。

遥测参数：模块根据需要可以接入 1/4/8/16 支传感器(差动电阻式、振弦式、电压、电流、电阻、电位计式，RS485 接口仪器，热电偶，热敏电阻，应变式等各种类型的传感器)测值参数及温度测值、MCU 模块电池电压。

平均无故障时间：MTBF＞5 000 h。

工作温度：－20～＋80 ℃。

功耗：值守电流＜100 μA，发送平均电流＜60 mA。在满足测控装置稳定可靠的前提下可适当降低相关功耗要求。

供电：9～24 V/1 A(视所接仪器)。

编码：标准 ASCII 码。

存储：大于 8 M 字节，大于 7 000 组上报数据，掉电存储。

通信方式：短距组网使用的标准 RS485/RS232 接口、GPRS、CDMA、卫星等。波特率大于 9 600 bps，1 位起始位，8 位数据位，1 位停止位。校验可选，波特率可根据需要设置。

模块要求具备低功耗特性，在没有外部能源供给的情况下值守电流小于 100 μA，同时具备多种供电方式自动切换的功能，可能根据现场情况采用太阳能+蓄电池模式、独立蓄电池模式、一次性锂电池模式等工作方式。

2.3 低功耗设计

在数据采集等测控装置中应用低功耗设计技术能够有效提高测控装置的多方面运行指标：

① 在一定的供电条件下，能够大大提高安全监测模块的工作时间。

② 对交流电以及太阳能供电的依赖性大大降低。提高模块在难以外部供电的特殊应用场合的适用性，仅依靠有效容量的电池就可以独立工作足够长的时间。

③ 减小了拖引电源线的成本以及野外太阳能裸露设备被破坏的几率。

④ 机箱附属设备少，安装简单，移动性强，模块与模块之间的互换性更好。

⑤ 模块 CPU 绝大部分时间处于休眠状态，不易被干扰，CPU 程序跑飞和死机可能性大大降低。

2.3.1 微控制器低功耗

一个测控模块或一个数据采集终端的电路设计主要分为微控制器及外围电路，微控制器的选型需要综合考虑其功耗、片内功能模块、存储空间、供电电压、工作频率及相关接口等；外围电路的设计则需要配合选择的微处理器进行接口匹配、电平匹配、通信匹配等，同时满足对相关接入的传感器的物理输出信号进行采集和转换，以获得相关物理变化量。在具体的电路设计中，微控制器是核心部件，是整个测控模块或数据采集终端的大脑，其对整个电路达到相应的功能和性能起到至关重要的作用，在考量整个电路的功耗时，微控制器的功耗需要重点考量。

在具体的测控模块或数据采集终端的设计中，有一个重点问题是必须要重视和解决的，那就是在待机状态下如何做到最省电，即在待机状态下如何做到尽可能的低功耗，人们首先要了解微处理器芯片在深度休眠或睡眠模式下功耗是多少，即在该模式下的工作电流是多大。随着微电子技术的发展，现今主流微控制器均可以做到较低的待机功耗，如 ARM Cortex-M0 系列、STC51 系列、STM32 系列、MSP430 系列、AVR-Atmega 系列、PIC 系列单片机等，一般采用电池供电的应用系统通常可以考虑 ARM Cortex 系列以及 MSP430 系列微控制器作为核心处理芯片。通过查看芯片资料文件 datasheet 可以了解到该芯片的工作最大电流（即最大功耗）和深度休眠模式下的最低功耗，通常一个适合低功耗应用的处理器会有几个不同的低功耗睡眠模式，对应的每个模式处理器开放工作的内部功能块不同，可以即时接收的中断来源不同，故需要针对具体的应用环境以及不同的处理器芯片做出不同的低功耗设计。

2.3.2　外围电路的低功耗

作为被应用于调水工程现场安全监控领域的数据采集模块，数据采集的周期和功耗、待机的时间周期和功耗都是需要考虑的因素。因为采集系统待机时间段内绝大部分芯片均处于断电不工作状态，只有微控制器及少数需要接收及处理外部中断的芯片处于工作状态，微控制器只要做到低功耗基本可以满足相关设计需要。除此之外，整个系统的功耗在很大程度上由电路整体工作状态下的运行功耗水平决定。电路整体运行时的功耗较大，若采集时间较长，则功耗较大，同时，电路整体的最大电流消耗是一个需要重点关注的指标，当最大工作电流较大时，对电源设计及电源输出指标就有较高的要求，否则很可能因为电源驱动能力不足而无法满足电路及相关接入传感器的数据采集要求。

2.3.3 低功耗设计思路

降低功耗不仅能够节约电能还能简化电源部分的设计，甚至可以用于手持设备的使用，这些都已经越来越成为未来产品的设计方向了。

① 降低功耗从 CPU 选型开始，一开始进行微控制器选型的时候就应充分考虑选择低功耗 CPU。

② 选择器件用电电压，降低器件用电电压能够明显降低器件的耗电，优先选择能够运行在较低工作电压的微控制器芯片。

③ 尽量降低器件的工作频率，晶振是唯一在所有时间都充放电的信号，因此降低晶振的频率对降低整个系统的功耗能产生很大的影响。所以休眠时采用低频晶振，工作时采用高频晶振，只要休眠时不会丢失相关外部中断信号的实时获取和响应即可。

④ 尽量使用中断让处理器进入更深的睡眠，睡眠模式和掉电模式能够大大降低 MCU 的工作电流，降低 MCU/RTU 的待机功耗，使测控装置待机不工作时的 CPU 处于睡眠状态。

⑤ 尽量关闭微控制器 CPU 内部不用的资源以及相关外围电路的电源，需要时打开。将电路板各部分功能划分成块，各功能块电源采用受控电源，不工作时处于断电状态。

⑥ 尽量选用低功耗高效率的外围器件和电路。如使用 VMOS 作为外部功率扩展器件，因为 VMOS 驱动是电压型器件驱动，几乎不产生功耗，要比普通的晶体管省电。而且由于 VMOS 的导通内阻低，在小电流的时候器件自身发热也小，效率远比传统晶体管要高，所以还是建议使用高速 VMOS，因为高速 VMOS 被运用在开关速度相当高的 PWM 时，效率会更高。

⑦ 驱动一些外围 LED 器件时，可以通过 PWM 来控制，从而省略限流电阻，通过占空比来确定器件上的电压，从而节约了限流电阻的功耗。

2.4　硬件设计

2.4.1　微处理器选型

微处理器采用美国德州仪器 TI 公司生产的高集成、高性能、微功耗处理器 MSP430F5438A(其电路图如图 2.1 所示),其工作电压范围在 1.8～3.6V,具备多种工作模式及休眠模式,模块处于待机值守状态时可以灵活选择处理器的工作模式,极大地降低本身的功耗,在 3.5 μs 内可从待机模式唤醒进入工作模式,不会丢失任何中断响应。同时该微处理器还具备 4 个异步串行通信接口,完全可以满足大坝监测数据采集模块的使用要求。该处理器同时还具备 16 个引脚,可以接收外

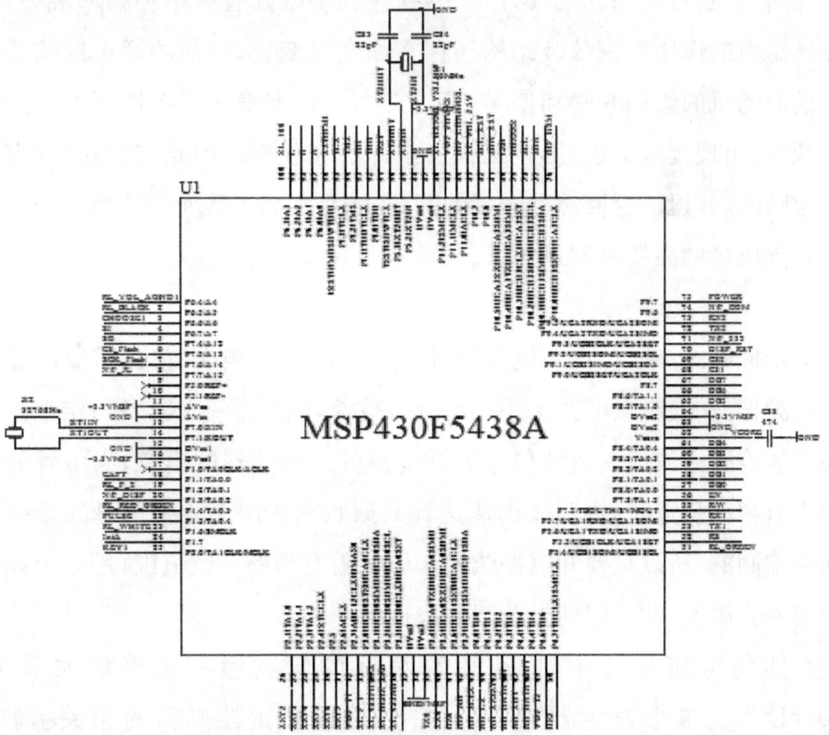

图 2.1　核心控制器电路图

界的电平变化产生相应的中断响应，可以用于按键、外部时钟的中断接入，外部脉冲触发和计数信号的接入。

2.4.2 测量电路设计

工程安全监测通用数据采集模块内集成了多种针对不同仪器的核心测量电路，利用测量各类仪器共用的光耦继电器完成通道切换，根据每个测点的仪器类型将不同物理量切换输入相应的核心测量电路完成相关物理量的转换。

2.4.2.1 弦式仪器测量电路

内部渗透压力是分析大坝、堤防和边坡渗流破坏以及滑坡稳定性的基础，埋设钢弦式渗压计是渗透压力的主要监测方法。由于大型工程服役时间长，因此保证长期监测数据的可靠性是分析结论正确性的前提和基础。一般情况下仪器初期可靠性比较高，但随着时间的推移，由于钢弦存在多阶固有频率和频率混叠，而且在长期渗透压力的作用下钢弦及结构还存在徐变等变化，目前的埋设振弦式渗压计采用的近似随机的通扫激励和信号拾取方式，难以准确获得渗透压力作用下对应阶固有频率，出现读数错误，影响工程安全评价和预警。因此，要解决现有技术低压扫频激励时间过长、返回波易衰减的问题，满足水利工程安全监测行业广泛使用的振弦式渗压计的高精度测量要求。

1. 激振电路及激振策略设计

要测量振弦式渗压计在一定水深处静置时的固有频率，首先需要对渗压计的钢弦进行激振，一般激振电路采用扫频激振技术，就是用一个具备一定电压的频率可以调节的连续方波或正弦波信号去激励振弦式传感器的钢弦，当信号的频率和振弦的固有频率接近时，振弦能迅速达到共振状态。由于激励信号的频率是可以通过软件控制的，所以只要知道振弦式渗压计固有频率大致范围，用这个频率附近的激励信号去激发，就可以使振弦很快起振。

在具体的电路设计中，可采用高精度的斩波稳零运算放大器 U7（即 TLE2072I）作为波形发生器核心器件，通过核心微控制器的相关引脚，连接 PULSE 输入端，控制 U7 的输入端，控制相关时序与波形发生器结合产生一系列波幅相等、频率不同的方波激振信号，对振弦式渗压计的钢弦进行低压激振。电路设计中 FREQ1 和 FREQ2 接振弦式渗压计频率线圈两端，相关激振电压波形由 U7 搭建的运放及同步反相器输出而进入振弦式仪器，对钢弦线圈进行激振。振弦式渗压计测量激振电路设计如图 2.2 所示。

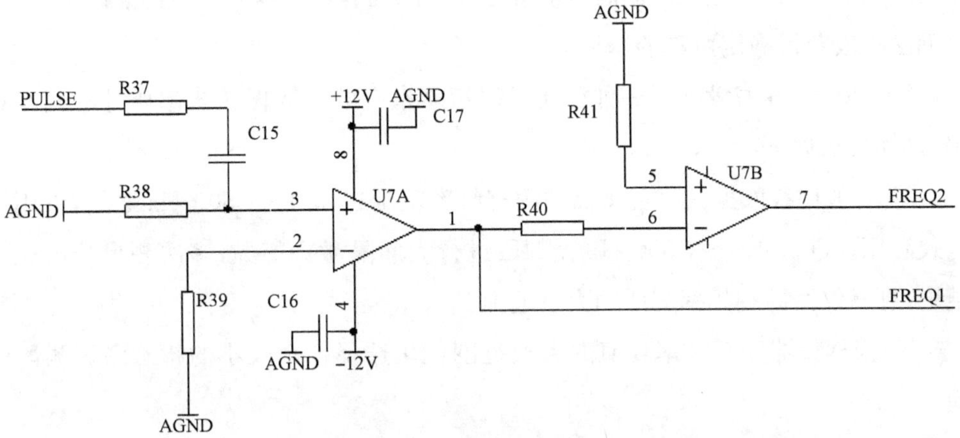

图 2.2　振弦式渗压计测量激振电路

由于测量前不知道所测量振弦式仪器的固有频率，研究者一般用一个较宽的频带对未知仪器进行激振(通扫)，虽然较宽的激振频带带宽能够覆盖未知振弦式仪器的固有频率，但使用较宽频带的变频方波激振会导致可能出现的测量不准甚至无法测得固有频率的情况发生，原因主要有以下几点：

① 变频激振波在振弦式仪器固有频率附近扫描激振时，相应仪器能迅速起振，但是此时电路仍然在继续用递增或递减的频率继续连续扫描激振，此时仪器很可能会受影响产生谐振并输出高次谐波，而不能正常在自己的固有频率上振动。此时将振弦式仪器线圈的振动返回波输入计频电路进行采样计算一般会有较大的误差。

② 因为通扫的时间较长，同时未知振弦式仪器的固有频率在通扫频段中的位置也无法得知，所以通扫结束后等待多长时间去采样仪器线圈返回波并进行计数很难进行量化。等待时间过短可能取到高次谐波或通扫的边缘频率，等待时间过长则可能振弦式仪器即将停振而导致微弱返回波信号已经结束或无法采样到足够数量的固有频率返回波。

③ 较宽的频带激振通常设置的各个频点的相互间隔较大，可能无法保证有接近于振弦式渗压计固有频率的频点激振波来有效激励钢弦，对激振效果可能产生不利的影响。如果使用较宽的频带激振同时减小各个频点的间隔，则整个扫描激振的时间过长，扫描完成的同时可能振弦线圈的固有频率返回波也已衰减为零，因此无法有效获得稳定可靠的返回波。

综上所述，本书设计了一种智能激振策略来有效获取振弦式渗压计的固有频率，具体方法如下：

① 一般单线圈振弦式传感器的固有频率范围在 400～4 500 Hz 之间，可用振弦式渗压计进行 400～4 500 Hz 全频段进行大间隔激振扫描，多次测量分析相关结果，判断仪器固有频率真值的大致范围。

② 根据仪器固有频率真值的大致范围优化选择一个较小的精确激振频段区间。

③ 在优化激振区间内采用较小的频点间隔对仪器进行有效激振，测量得到仪器固有频率。

④ 多次测量后，分析结果及测值可靠性，得出振弦式渗压计精确固有频率。然后将当前频率测值与上一次记录的最终频率测值进行对比，若存在明显偏差，则连续进行多次补测，智能判断是否频率发生真实改变，如有改变，本地存储器保存最新频率测值。

2. 智能信号拾取电路

振弦式渗压计的测量首先使用一定频段的正弦波或方波进行扫频，当扫频结束后，需要等待一段时间使钢弦维持在固有频率上稳定地振动，然后就可以对钢弦线圈中的返回波进行采样计数测频。由于线圈返回波的波形一般为正弦波，同时波幅只有毫伏级，非常微弱，同时其中还可能混合有高次谐波，因此采样电路需要加入相关滤波器电路、多级放大电路等对返回波进行滤波、放大调幅和波形修正，才能输入计频电路进行计算。

首先，本设计为去掉叠加在直流供电电压和系统中可能存在的 50 Hz 工频干扰等低频干扰，在振弦式仪器线圈返回波的输入端加入一个截止频率为 200 Hz 的二阶有源高通滤波器。此滤波器还能对有效信号前的扫频信号进行限幅，保护后级运放电路。

由于振弦式仪器的输出信号幅度通常只有 1 mV 左右甚至更小，对系统噪声比较敏感，普通的模拟开关自身附带的噪声足以将其淹没，机械触点的继电器接触尖峰较大也会影响信号的接收。另外普通模拟开关的导通电阻通常较大，也会对前后的滤波电路产生影响。发明设计中选用了一款全新的松下光耦继电器 AQW212EH，该继电器采用光电控制，导通内阻低，噪声低，是微弱电信号理想的保真传输通道。光耦继电器电路设计如图 2.3 所示。

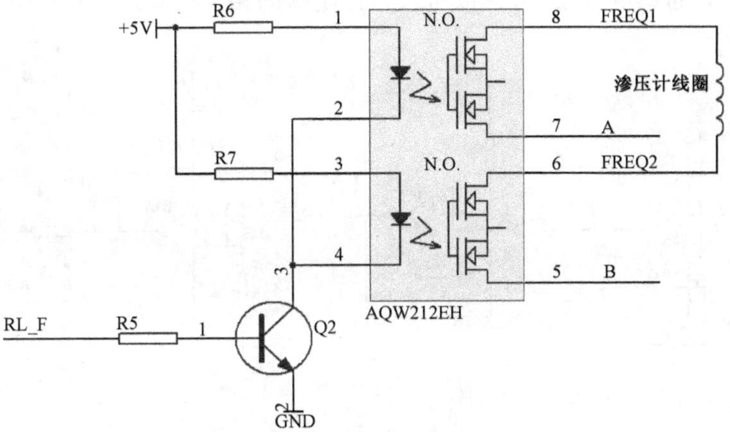

图 2.3 光耦继电器电路设计

测量时具体光耦继电器动作如下：

① 激振时微控制器相连端脚 RL_F 为低电平，光耦继电器不动作，返回波接收电路 A、B 端分别与激振电路 FREQ1、FREQ2 端断开，即激振电路与返回波接收处理电路断开，振弦式渗压计钢弦与激振电路相通。

② 激振扫频结束，等待合适时间后，RL_F 为高电平，光耦继电器动作，返回波接收电路 A、B 端分别与激振电路 FREQ1、FREQ2 端接通，此时振弦式渗压计钢弦与激振电路及返回波接收处理电路接通，而激振电路已没有输出激励信号，因此不影响返回波的接收。

③ 返回波接收计数完成计算频率数值，结束后 RL_F 恢复为低电平。

获取返回波计数测频要在激励扫频完成一段时间后进行。因在激励脉冲刚结束的瞬时，振弦式仪器的钢弦可能在不同程度上受迫振动，此时的频率不是固有频率，若立即计数会影响测量精度，所以计数一定要等到钢弦处于自由振动状态才可以开始，一般可选择在扫频激振结束 100 ms 之后进行。在本设计中采用斩波稳零运算放大器 TLE2072I 对振弦式仪器线圈返回的固有频率毫伏级电压正弦波信号进行拾取和放大，计算收到返回波数目的同时开启微控制器内部的高精度时钟作为计时器，可有效测得线圈返回波的频率。振弦线圈返回波信号处理电路如图 2.4 所示，光耦隔离输出 CAPT 端的信号为与振弦式渗压计的固有频率一致的波幅为＋3.3 V 的稳定方波，可直接送入微控制器的相关引脚进行中断计数。

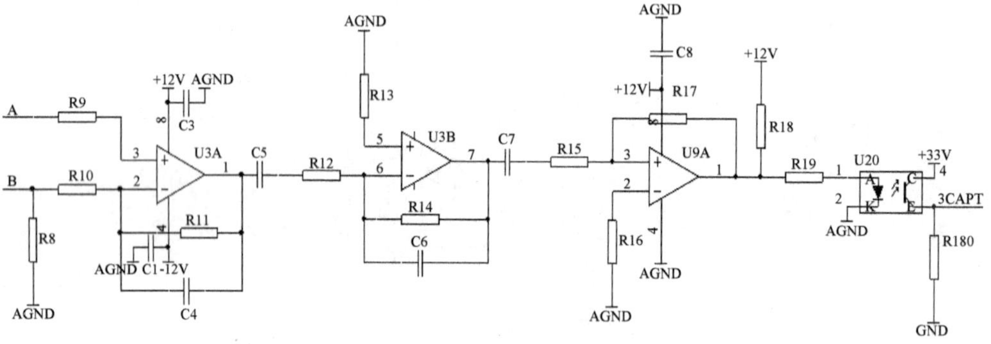

图 2.4　振弦线圈返回波信号处理电路

2.4.2.2　差阻仪器测量电路

差阻式仪器的测量一般采用 5 芯接法，将差阻式仪器内部的两个电阻与一个 100 Ω 的精密电阻组成串联回路，在回路两端加上电压，通过测量仪器内部两个电阻的实际分压得出各自的阻值，其中 100 Ω 电阻上流过的电流为整个串联回路中的电流。具体电路设计如图 2.5 所示。

设计中需要注意的是，差阻式仪器采用传统的 5 芯测法，为满足模块通用性的要求，内部主要测量电路加入了松下光耦继电器 AQW212EH 进行相关测量时的信号切换和通道选择，在实际设计中亦将光耦继电器的回路内阻计入 5 芯测法体系的芯线电阻加以抵消，保证相关电阻和电阻比测量的准确度。

电阻式及电位器类型仪器的测量同样排除了光耦继电器内阻的微小影响。在整体的模数转换电路上采用高精度 A/D 芯片，配合高精度的恒压及恒流输出芯

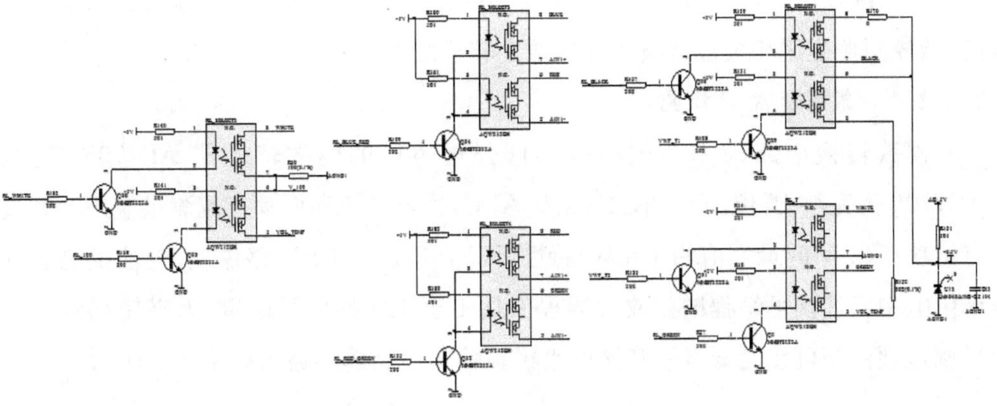

图 2.5 差阻式仪器测量电路

片、高精度军标电阻等，将被测电压及电流信号进行高精度无损检测，指标满足相关检测标准。

2.4.2.3 气温气压测量电路

气温及气压测量电路的引入是为了更精确地校正各类投入式水位计的水位测值，水下压强是大气压及水面高度共同作用的结果。虽然一些带通气管的投入式传感器可以依靠通气管带入的大气压强进行气压抵消，但通气管的维护难度较大，很难保证实际应用中不被堵塞，所以绝大部分水压力传感器探头均不含通气管，故大气压力的测量对于高精度的水位获取尤为重要。具体电路图如图 2.6 所示。

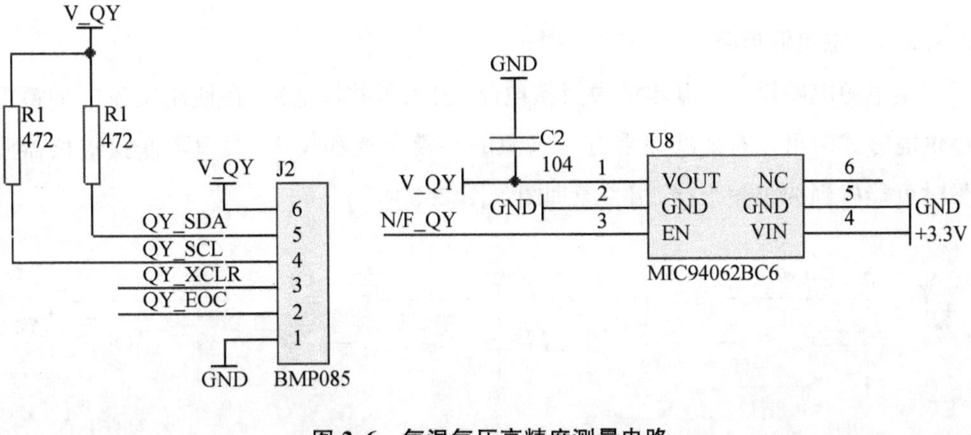

图 2.6 气温气压高精度测量电路

在实际设计中，采用的 BMP085 数字传感器芯片进行相关物理量的采集和转换，微控制器应用相关接口技术读取数字转换结果。

2.4.2.4　高精度 A/D 电路

模数转换电路采用美国模拟器件公司生产的模数转换器 AD7705 芯片。AD7705 为完整 16 位、低成本、Σ-Δ 型 ADC，适合直流和低频交流测量应用。其具有低功耗（3 V 时最大值为 1 mW）特性，因而可被应用于环路供电、电池供电或本地供电中。片内可编程增益放大器提供从 1 至 128 的增益设置，无需使用外部信号调理硬件便可接受低电平和高电平模拟输入。具体电路图如图 2.7 所示。

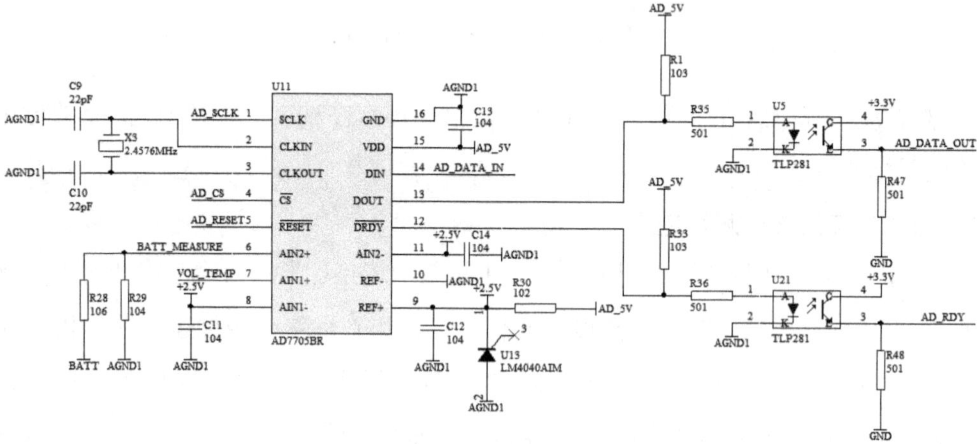

图 2.7　模数转换电路

2.4.2.5　主电源电路

主电源电路设计了基本的放反接电路，引入了共模电感，在使用交流电加蓄电池供电方式时可以有效滤除来自于电源的共模干扰和噪声，大大降低弦式仪器测量时可能碰到的工频干扰，相关原理图如图 2.8 所示。

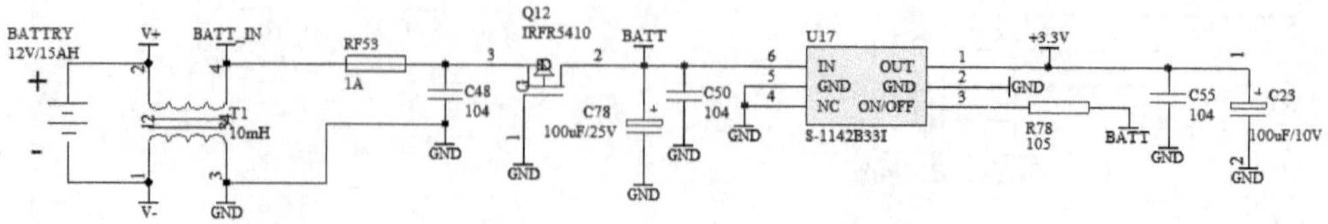

图 2.8　主电源电路

2.4.2.6　通信电路

通信电路充分利用了 MSP430F5438A 的四个 UART 接口，设计了两个 RS485 接口分别用于读取接入的 RS485 类型传感器以及本地所有测量模块的有线 RS485 组网；除此之外，还设计有两个 RS232 接口分别用于与传统 GPRS 设备通信组网以及作为辅助信道备用。芯片采用低功耗常用通信芯片 SP3223EEA 及 SP3485EN，相关电路设计如图 2.9 所示。

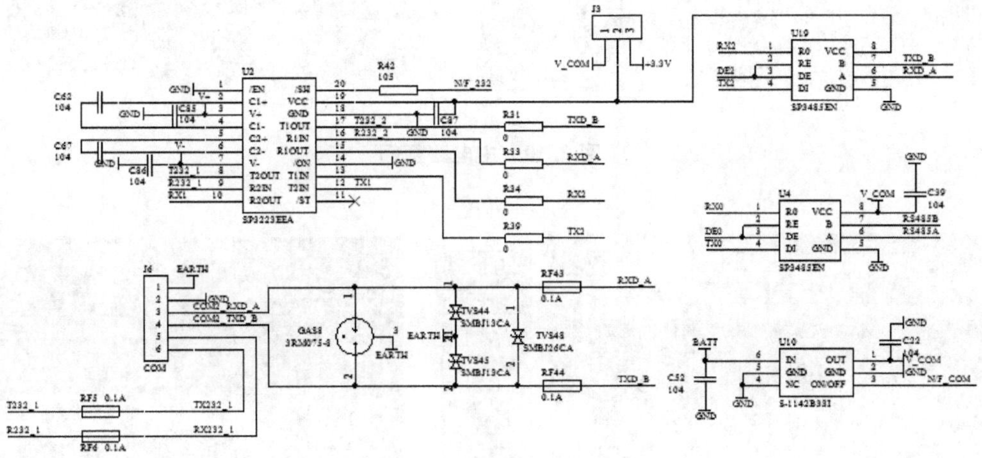

图 2.9　通信电路

2.4.3　防雷抗干扰设计

防雷及相关的电磁干扰防护是安全监测数据采集模块的必要组成部分，因模块多处于野外露天环境中，而安装地点所在的大坝由于处于大面积水域的突出位置，很容易遭受到感应雷的袭击，因此，系统对于雷电的防护需要达到至少 3 级标准。在实际的电路设计中，采集系统除了电源和对外通信使用电源及通信防雷器外，所有接入仪器线缆的通道都设计了双重防雷。图 2.10 所示的主测控模块的下端各通道的接入电路均应用光耦继电器进行隔离，同时配备气体放电管及瞬变抑制管对螺丝固定孔连接的箱体进行有效放电。

在仪器信号进入主测控模块之前，首先接入专用的防雷底板进行第一级防雷保护，大底板及小插板如图 2.11 所示，小插板应用了气体放电管、瞬变抑制管及限流电阻进行仪器输入信号的保护，采用接插件与大底板进行连接，损坏后易于更换。

图 2.10　主电路板图

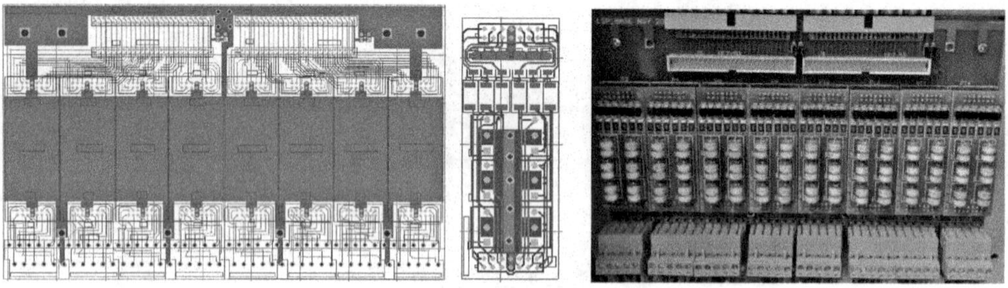

图 2.11　防雷板图

2.5　电源规划

由于调水设施安全监测项目中使用的数据采集终端一般处于野外环境，采用新一代微功耗安全监测技术，可以大大提高安全监测模块的工作时间，降低对交流电以及太阳能供电的依赖，提高模块在难以外部供电场合下的适用性，减小拖引电源线的成本以及野外太阳能裸露设备被破坏的几率。此外，采集单元机箱附属设备少，安装简单，移动性强，模块与模块之间的互换性更好。特别是模块 CPU 绝大部分时间处于休眠状态，不易被干扰，CPU 程序跑飞和死机可能性大大降低。实践证明新一代微功耗大坝安全监测自动化系统是一个技术可靠、稳定性高、技术成熟、实用性强的自动化系统，具有组网灵活、安装方便、防雷抗干扰能力强及易维护等优势，特别适用于地下水、水库、湖泊、渠道等监测环境。现场拟采用的供电方式有多种方案可供选择。相关供电配置建议如表 2.1 所示。

表 2.1　供电配置建议

供电方式	注意事项
交流电	需配备交流隔离变压器、电源防雷器、线性稳压电源，良好接地，适用于长期监测
太阳能＋蓄电池	需配备太阳能电板及充电控制器、铅酸蓄电池，良好接地，适用于长期监测
一次性锂电池	需 1—3 年更换电池，至少满足 8 000 次测量及数据通信，良好接地，适用于短期监测
干电池	短期 1—2 月临时性监测

根据不同测点的实际情况以及多个测点彼此之间的位置关系合理选择一个或多个测点的供电策略。

第3章 感知网络优化

由于调水工程及水库大坝等水利设施多在远离城市的偏僻地区，在过去国家无线通信公网还没有实现基站覆盖的时候，相关安全监测系统多采用有线通信方式，比较常用的为短距离的双绞屏蔽电缆RS-485总线方式以及长距离的标准RS-232和RS-485光纤的通信方式。采用有线通信方式时涉及的最大问题是相关电缆及光缆的铺设，这些土建工作费时、费工、费力，有的工程需要在大坝或水工建筑物上专门开槽，影响其结构和美观；有的通信总线与动力电缆共用电缆沟，会对通信造成电磁干扰；有的走线过长，线上有电流时会遭到雷电袭击；有的串联系统相对脆弱，一点损坏会影响整个系统的其他节点通信。由于对外通信是系统最易遭受损害的环节，因此需采用多种保护措施。在实际工程中要做好测量系统及通信系统的接地、屏蔽等防电磁干扰措施，同时做好相关保护，防止物理线路被人为损坏。

随着全国范围内移动公网2G/3G/4G信号覆盖范围的不断扩大以及短距离局域无线射频通信技术的发展，尤其是基于物联网(IoT)技术的进步，使得无线组网技术越来越多地被应用于大坝及调水工程安全监测领域。

3.1 局域无线组网方法

3.1.1 超短波组网

人们把频率范围在30 M～300 MHz的波段称为超短波频段。大坝及调水工程安全监测领域一般较多采用220 M～240 MHz的免费频段进行一对一通信，超短波电台先期在水雨情测报领域广泛被应用，后被推广到大坝及岩土监测行业。运用电台组网相关架构示意图如图 3.1 所示，在实际大坝监测应用中的特点和注意事项如下：

① 适用于中心机房与测站处的直线距离在 1 200 m 之内的情况，测控装置发送端与机房接收端两点之间通视无障碍物遮挡，机房接收电台的天线宜置于房顶或面向测站的窗外，不宜置于室内。为延伸通信距离或绕开障碍物，可设立中继站。

② 超短波电台功耗较大，没有数据发送待机状态时电流约为 50～60 mA，发送数据时瞬间电流可达几百毫安。局域网内的每一台电台包括中继台的功耗及供电方式在方案确立之初都应给予详细考虑。建议各站点配备 12 V/100(A · h)容量的铅酸蓄电池及不低于 12 V/30 W 的太阳能电板或相应功率的不间断供电。

③ 当现地测控装置的报文较长时，通信波特率设置不宜过高，多个测控装置通过多个电台同时发送数据时，机房中心接收电台处易发生数据堵塞，建议接收端与发送端先进行通信握手，以确定发送时间，从而保证接收顺序。

④ 现场组网的每台台电的通信频段必须一致，设置好后不能远程修改。周边有其他监测项目使用同频段的电台上报数据时，会干扰监测数据的接收，需要数据接收软件进行滤除。除此以外，多条报文同时到达接收端电台也会造成阶段性堵塞。

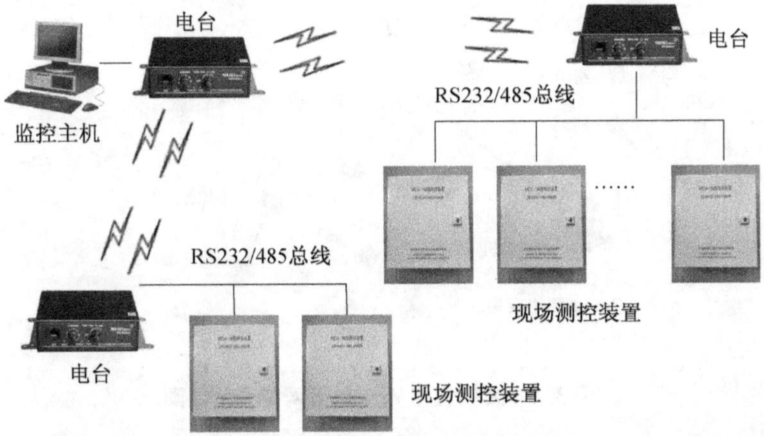

图 3.1　大坝监测电台组网相关架构示意图

⑤ 超短波电台通信网络先期投入较大，一旦架设好，后期运行维护费用较少，只要供电措施得当，基本可稳定运行 3 年以上。

3.1.2 ZigBee 组网

ZigBee 技术采用主流 2.4 GHz 公用频段，是一种应用于短距离范围内、低传输数据速率下的各种电子设备之间的无线通信技术。近年来，一些小型水库大坝的安全监测及一些灌区的喷淋灌溉节水控制上应用了该技术。ZigBee 组网架构示意图如图 3.2 所示，其数传模块类似于移动网络的基站，网络内各模块之间可相互通信接力，使通信距离可以从标准的 75 m 扩展至几百、几千米。

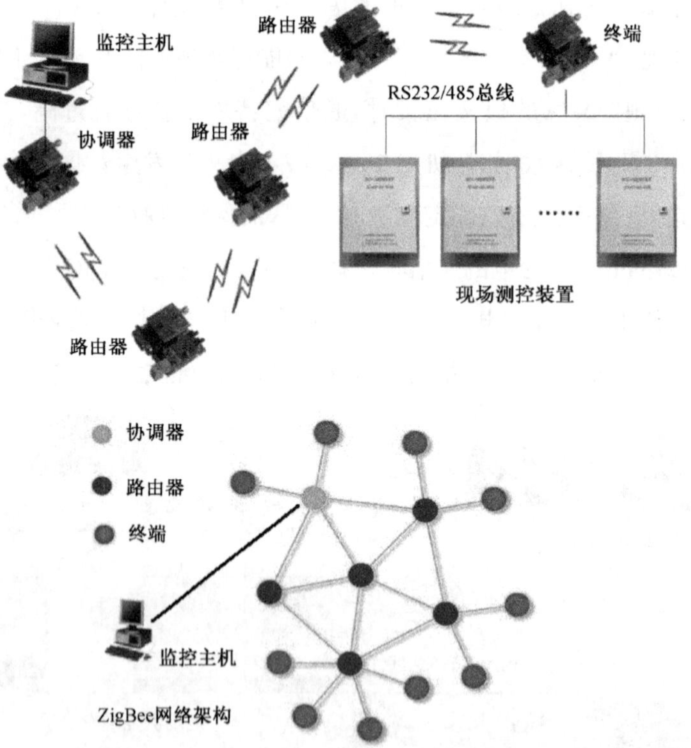

图 3.2 大坝监测 ZigBee 组网架构示意图

运用 ZigBee 模块在实际大坝及调水工程监测项目中组网有以下特点和注意事项：

① ZigBee 的点对点通信距离通常在 100 m 之内，虽然从技术角度可以通过不

断增加路由的方法进行通信距离上的扩展,但更多的路由节点会带来更多的维护工作量和出错几率。同时,只要距离测控装置终端处最近的路由损坏,而其他路由都在通信距离之外,则测控装置处的终端将无法接入 ZigBee 网络,测量数据就无法传递至上位机协调器处。在具体的大坝监测项目中,若测站与中心机房距离超过 1 km,且中途没有合适地点设置中继路由器的情况下,不建议采用 ZigBee 技术,如需使用,建议于网络内加入若干冗余路由,加强无线网络的健壮性。

② ZigBee 网络采取了碰撞避免策略,每个测控装置处的 ZigBee 终端,需要发送数据时向机房的协调器发送请求,请求被允许后才能发送数据,同时网络内的其他所有终端均会得到相关协调器正忙的通知,均保持静默,直到需要发送数据的终端发送完成,并且中央协调器确认接收数据成功,整个网络才会解除忙碌状态恢复正常。只有 ZigBee 协调器或是路由器有权允许新终端加入网络。

③ ZigBee 无线网络穿墙性能弱,近距离一般只能穿透一面墙。障碍物厚度、内部钢筋造成的屏蔽性等因素均严重影响通信距离,在窗口及建筑物内转角处建议增加路由器的布置,尽量排除相关网络信号死点。

④ 目前有些国内厂商均通过加大 ZigBee 发射功率,研制出点对点之间最大视距通信距离达到 1 km 以上的 ZigBee 数传模块,其在大坝监测现场应用的实际情况还有待观察,如果稳定性和通信距离确实可以达到相关性能指标,应用前景会更加广阔。

⑤ 大坝监测规范要求上位机和底层测量模块之间可以随时进行双向通信,这限制了在供电紧张或供电困难的情况下应用该技术。在大坝监测项目的使用中,位于中心计算机房与电脑相连的 ZigBee 协调器作为网络核心一般是不断电、不睡眠的,在此需要配备小功率不间断电源。底层测控装置处的 ZigBee 终端一般由测控模块控制上电或引脚唤醒,为保证严格的实时性,终端平时无数据发送需求时一样需要保持工作模式不小于 30 mA 电流,不能睡眠和掉电,需要消耗测控装置处的电能,在野外没有稳定供电的地方是很大的功耗开支。同样,网络内的 ZigBee 路由器也需要常上电。因为一旦 ZigBee 网络的路由器和终端进入睡眠,中心机房的 ZigBee 协调器无法通过网络将其唤醒,所以对于野外供电困难的调水长渠道监测项目,不建议使用 ZigBee 无线组网。

3.1.3 LoRa 组网

LoRa 是一种新型的基于 1 GHz 以下的超长距低功耗数据传输技术(Long Range,简称"LoRa")。其核心芯片的接收灵敏度达到了−157 dbm,极大地提高了微小信号的感知成功率,确保了网络连接的可靠性。LoRa 主要在全球免费频段运行(即非授权频段),包括 433/868/915 MHz 等。局域 LoRa 网络主要由终端、网关或集中器组成,应用数据可双向传输。

LoRa 技术的引入,改变了以往关于传输距离与功耗的折中考虑方式,提供了一种简单的能实现远距离、长电池寿命、大容量、低成本的通信组网方案。LoRa 模块为用户提供了小巧的、低成本的嵌入式数传平台,只需通过串口就可以实现无线应用。LoRa 无线组网架构示意图如图 3.3 所示。

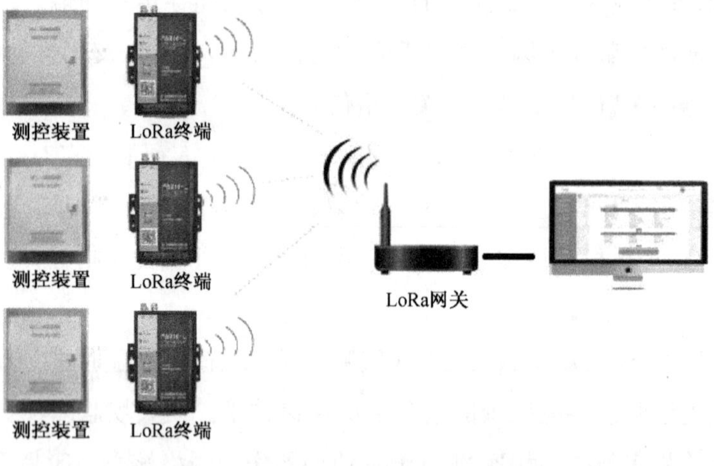

图 3.3 大坝监测 LoRa 无线组网架构示意图

在实际大坝及调水工程监测应用中运用 LoRa 模块组网的特点和注意事项如下:

① 通信距离大。LoRa 技术大大地改善了接收的灵敏度,使其点到点通信距离可达 15 km(与环境有关)。在建筑密集的城市环境可以覆盖半径 2 km 左右的范围,而在密度较低的郊区,覆盖范围半径可达 10 km,一般可以满足水库大坝监测范围的需要,直接实现测控装置到中心机房集中器之间的点到点通信,稳定性和

可靠性大大提升。

② 功耗较低。LoRa 数传模块接收电流仅需 10 mA 左右，睡眠电流约为500 nA，这大大延迟了电池的使用寿命。LoRa 网络可以应用于大坝及调水工程监测行业的关键优势在于：LoRa 终端进入睡眠后可以被远程空中唤醒，这样平时处于测控终端处的 LoRa 终端功耗可以得到控制。既满足了低功耗的应用要求，又满足实时双向数据传输的要求。

③ 具备远程唤醒功能。在无线通信设计中，一方面，为了节能，要求节点尽可能长时间地休眠；另一方面，为了快速通信，要求集中器或者网关尽可能快地唤醒节点。为了缓解该矛盾，LoRa 网络终端的空中唤醒策略设计了唤醒窗口，简单地说就是 LoRa 终端间歇性地睡醒并处于接收状态，查看是否能收到 LoRa 集中器或者网关发送来的上线指令，如果收到则保持工作状态等待接收进一步的指令，如果收不到，则继续睡眠。要实现此工作方式的难点在于 LoRa 集中器/网关发送的数据帧到达 LoRa 终端时，LoRa 终端正处于间歇性的睡醒窗口期，此时来自 LoRa 集中器/网关的数据帧中的前导码内有符合规定数量的字符被 LoRa 终端同步接收，则 LoRa 终端认为数据有效，本次唤醒成功。实际使用中需要在 LoRa 发送端设置足够的前导码，前导码的大小要根据 LoRa 接收端的睡眠时间确定。LoRa 终端间歇性地睡眠可以节省大量的功耗，但 LoRa 集中器无法完全实现 LoRa 终端的实时唤醒及操作，由于大坝及调水工程安全监测行业对数据采集的实时性要求并不是太严苛，故 LoRa 无线组网可以在实际监测中使用，也基本能够满足使用要求。

④ 组网相对简单。由于 LoRa 模块采用智能化设计，基本都具备自学习、自适应、自组网及自控制特性，具备自己的优化算法，只要简单加以配置即可自行组网。

⑤ 价格相对低廉。每台 LoRa 终端模块的价格约在 300 元左右，LoRa 集中器或基站价格约在 7 000～10 000 元左右，与 LoRa 集中器或基站连接的数据后台可向提供 LoRa 服务的通信公司购买本地服务器或按年度购买数据服务，基本为一次性投资，后期费用较少。

3.2 广域无线组网方法

3.2.1 卫星组网通信

卫星通信模块工作在高于1 000 MHz、低于红外线频率的微波通信频段，利用通信卫星转发器和若干个卫星通信地球站组建VSAT卫星通信系统，作为语音、数据、图像传输和计算机广域网的主干线。测控装置的数据通过相关卫星通信模块，利用气象卫星、海事卫星或地球资源卫星（GMS、NOAA、GOES、风云2、北斗等）进行转发，传送至接收端的卫星数据接收机，该技术已被应用多年，是解决复杂地形和边远山区广域分布的遥测数据收集问题的有力措施，在水雨情区域监控中应用较多，在大坝监测项目中因相关监测在地域分布上较为集中，故应用较少，但在极端情况下必须考虑其应用，如没有蜂窝公网覆盖的大区域海上风电监测及峡谷底部的岩土监测等。

运用卫星组网通信在实际调水工程安全监测应用中的特点和注意事项如下：

① 卫星之间可能需要接力传递数据，电波延时及转发延时均要考虑。同时如果有数据包丢失，则要求发送端重新发送丢失的数据包，直到所有的数据接收完毕为止。

② 相关通信成本较高，需要去卫星管理部门申请或采用其授权单位的数据传输模块，流程较为复杂，由于一些卫星的民用开放度不高，使得卫星通信的使用较为局限。

③ 在相关水利工程所在地没有公网信号的情况下，卫星通信可以补充作为相关远程广域无线组网的有效解决方法。在海上风电项目的安全监测中，由于远离陆上基站，很多风电桩所在地没有移动通信信号，这时可采用卫星通信的方式进行远程数据传输。

④ 一般在露天情况下使用，输水隧洞内部及大坝廊道等内嵌设施一般不考虑。

3.2.2 GPRS/CDMA 公网

目前国内较为偏远的地区也基本实现了蜂窝网络信号的覆盖，加上国家对于水利工程维护保障的重视，一般水利设施基本都具备无线公网信号。GPRS、WCDMA 及 CDMA 等 3 种制式的数据网络业务已基本覆盖全国，一处水库大坝所在地具备其中一种网络信号的覆盖，也就具备了进行最基本的大范围无线组网的条件。长距离调水项目可能跨度较大，一家运营商的网络也可能无法实现良好的信号覆盖，因此在考虑公网无线组网的设计方案时宜采用全网通方案，通信设备满足多家运营商的网络制式要求。

当前国内绝大部分水利监测项目采用 GPRS 公网作为远程数据传输的平台，在水雨情监测方面应用尤其广泛。近年来由于其技术十分成熟，在大坝及岩土工程安全监测行业的应用也越来越多，无论测点分布集中或是分散，只要具备网络信号，应用公网进行远程监控和测量数据远传的方法是可行的，也是稳定可靠的。同时数据接收地与相关测控装置的地域距离已经不是问题，数据接收端的中心计算机只要能接入因特网，均可以接收测控装置发送的实时数据。GPRS 组网架构示意图如图 3.4 所示。

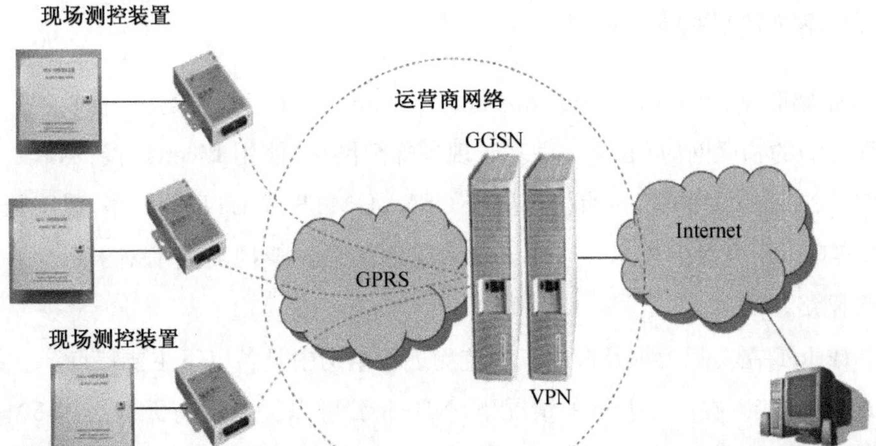

图 3.4 大坝监测 GPRS 组网架构示意图

运用蜂窝网络 GPRS/WCDMA/CDMA 在实际调水工程远程组网注意事项如下：

① 测控装置处需要具备蜂窝网络数据信号覆盖，山区或偏远地区需要根据具体情况优先选择当地蜂窝网络信号好的运营商。

② 组建网络需要去当地移动通信单位办理手机 SIM 卡，需要根据每张卡的流量支付流量费，一般情况下作为调水工程静态监测数据采集使用，每张卡每月 5～10 元包月即可满足需要。

③ 在大坝廊道、输水隧洞等没有信号中继或被钢筋网屏蔽的水利设施的内部无法使用，如需使用，需电信运营商在相关建筑物内布置信号中继设备。

④ 数据实时性好，延时小，一般可远程修改 IP 地址，建立双向连接时需要耗费较大的电量。

⑤ 在大坝监测行业已被应用较长时间，长期稳定性好。GPRS 通信模块长时间在线耗电较大，一般采用睡眠定时唤醒或设置相应的窗口时间，在窗口时间对 GPRS 通信模块进行设置，可保证模块在需要的时间段保持实时在线，便于随时对大坝监测传感器进行测量，保持在线时间结束时，通信模块断电或进入睡眠模式以降低功耗。

3.2.3 窄带物联网

窄带物联网(Narrow Band Internet of Things，NB-IoT)聚焦于低功耗广域网(LPWAN)的物联网应用，是一种基于现有蜂窝网络，使用 License 授权频段，只占用大约 180 kHz 的带宽，可直接部署于 GSM、UMTS 或 LTE 等网络，以降低部署成本，实现平滑升级的技术。应用该技术组网的总体架构类似于基于蜂窝基站的 GPRS 网络。

NB-IoT 在实际大坝及调水工程监测远程组网中具备以下主要特点：

① 强连接。在同一基站的情况下，NB-IoT 可以提供现有无线技术 50～100 倍的接入数。一个扇区能够支持 10 万个连接，支持低延时敏感度、超低的设备成本、低设备功耗和优化的网络架构。大坝安全监测现场的全部测量模块、智能传感器等都可以接入，数量上基本不受限制。

② 高覆盖。NB-IoT 室内覆盖能力强，比 LTE 提升 20 dB 增益，相当于提升了 100 倍覆盖区域能力。不仅可以满足农村这样的广覆盖需求，对于有深度覆盖要求的项目同样适用，如大坝监测领域中从廊道口向坝体内部延伸的监测应用可以采用此技术。但是 NB-IoT 应用需要依靠通信运营商的现有基站的优化，自主组网的灵活性受到限制。

③ 低功耗。低功耗特性是物联网应用的一项重要指标，对于一些不能经常更换电池的设备和场合来说尤为重要，如被安置于高山荒野、偏远地区中的各类传感器或大坝周边的地下水等监测设备。NB-IoT 聚焦小数据量、小速率应用，因此 NB-IoT 设备功耗可以做到非常小，设备续航时间可以从过去的几个月大幅提升到几年。

④ 低成本。与 LoRa 相比，NB-IoT 无需重新建网，射频和天线基本上都是复用的，只需要清出一部分 2G 频段给 NB-IoT 使用，就可以直接进行 LTE 和 NB-IoT 的同时部署。后期推向市场，模块预期价格不超过 5 美元。目前大坝监测系统多采用成熟的 GPRS 公网，后期进行相关技术升级时只需更换数传模块即可。

目前一些芯片制造商已在搭建 NB-IoT 环境，制造 NB-IoT 的芯片和模组，可进一步降低成本；运营商在规划基站优化、基带分配、规避可能的干扰方面进行设计和实施，在一些城市及人口稠密区已经实现了基站的升级，可支持 NB-IoT。目前有国内厂商已经可以提供相关集成 NB-IoT 模块，但其在大坝行业的具体应用还未开展，但 NBI-oT 技术是未来大坝监测领域广域低功耗的重要发展方向。

3.3　混合组网策略

在大坝安全监测系统现场组网应用中，如果能满足采用单一组网条件应尽量采用单一方式组网，可以提高系统组件的通用性和互换性；如果成本过高或者受到传感器测点布置点、周边基站信号制约而无法使用单一方式完成全部测点测站无线组网的情况下，需要考虑混合组网策略，充分运用各种分散集中控制方式。

一般情况下，局域和广域两种无线组网方式可以互相结合、补充。在没有公网或公网费用较高的地方采用局域小范围无线自组网，再通过相关网关等将自组网内的数据通过公网或广域网发送至中心采集计算机，即采用近距离物联组网＋远程传输（小网＋大网）的方式。

目前国内主流无线设备提供商都提供相关网关设备，如一些厂家提供的 ZigBee 网关具有 ZigBee 转 2.5G/3G/4G 公网的传输功能，可采用该设备作为 ZigBee 局域网与公网之间的传输媒介。另外如 4G LoRa 网关，可以集中 LoRa 局域网内的测控装置采集的数据通过公网 4G 信号远程传输。

3.4 应用举例

2018 年 12 月，针对南水北调中线渠首项目的应用情况的调研及主体方案的论证，经过单位第二轮方案讨论，决定根据不同桩号的具体仪器布置，共计设计采用三种测量模块进行现场多种仪器的接入及组网，如图 3.5 所示，具体工作如下：

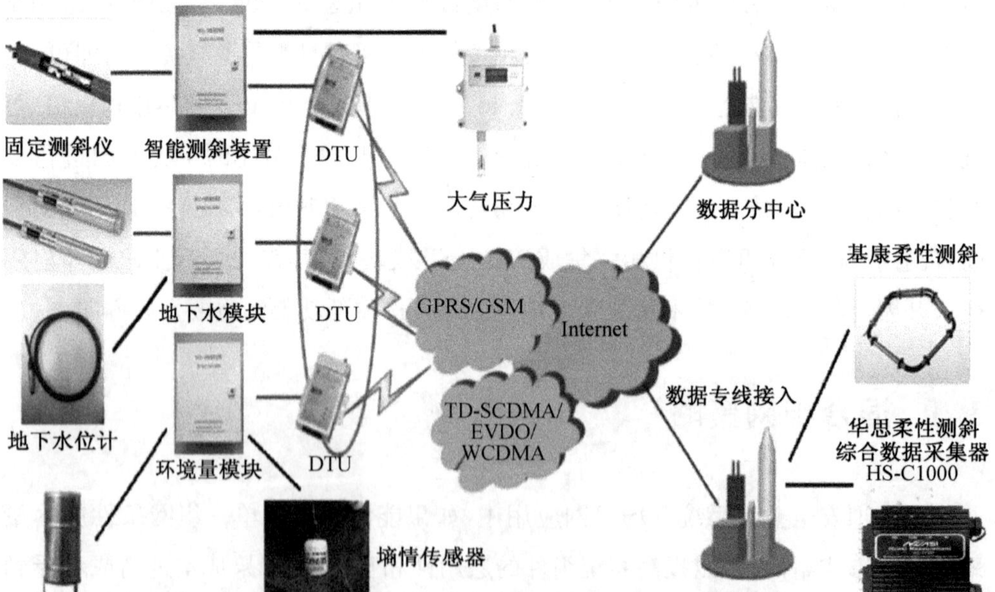

图 3.5 系统硬件组网框架图

完成相关测量模块的组网设计和设备选型，包括短距离无线射频以及远距离公网无线传输。考虑数据采集系统与现场数据采集中心、南京远程中心以及移动终端的实时通信，考虑通信组网的可靠性、冗余和自动切换功能。通过采取搭建自适应、高冗余架构的物联网网络方法，即根据传输信号模式或者根据网络信号的强弱，自动选择通信方式，实现城市地下空间与排水管网监测数据的最优化自动传输。针对公网覆盖区域优先使用 GPRS 网络或 WCDMA 网络，对无网络运营商无线覆盖的区域，优先使用 RoLa 自组网技术作为末梢接入网络，满足全信息预报预警系统对监测数据的时效性要求，采取通过自适应性调整采样间隔，自适应性调整休眠策略来寻求最大电池存活时间，解决安全监测以及环境量信息传输的实时性问题。即最大限度地提供实时、精准的水位、雨量、气压、温度、变形和地下水位状态，为智能管理平台提供直观、可视化数据界面。

固定式测斜仪、地下水位传感器、土壤墒情传感器、大气压力传感器、雨量计接入相关低功耗测量模块，通过运营商公网远程传输进入数据中心，由数据采集软件进行数据接收和处理分析，基康及华思的阵列式柔性测斜仪使用运营商公网将数据远程传输至数据中心计算机后由厂家配套的采集软件进行数据提取和分析存储，彼此之间相互独立。

3.5 无线传感器网络

无线传感器网络由大量高密度分布的处于被观测对象内部或周围的传感器节点组成，其节点不需要预先安装或预先决定位置，这样提高了动态随机部署于不可达或危险地域的可行性。传感器网络具有广泛的应用前景，范围涵盖医疗、军事和家庭等很多领域。例如，传感器网络快速部署、自组织和容错特性使其可以在军事指挥、控制、通信、计算、监测、勘测方面起到不可替代的作用。在医疗领域，传感器网络可以用来监测病人并辅助残障病人，其他商业应用还包括追踪产品质量、监测危险地域等。常用的 Zigbee、LoRa 组网就属于无线传感器网络技术的应用。

3.5.1 体系结构概述

无线传感器网络包括 4 类基本实体对象：目标、观测节点、传感节点和感知视场，另外，还需定义外部网络、远程任务管理单元和用户来完成对整个系统的应用刻画，如图 3.6 所示。大量传感节点随机部署，通过自组织方式构成网络，协同形成对目标的感知视场。传感节点检测的目标信号经本地简单处理后通过邻近传感节点多跳传输到观测节点。用户和远程任务管理单元通过外部网络，比如卫星通信网络或 Internet，与观测节点进行交互。观测节点向网络发布查询请求和控制指令，接收传感节点返回的目标信息。

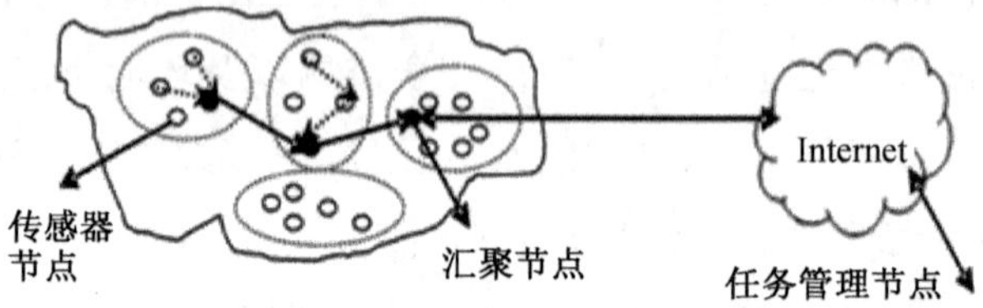

图 3.6　无线传感器网络体系结构图

传感器节点是一个具有信息收集和处理能力的微系统，集成了传感器模块、信息处理模块、无线通信模块和能量供应模块。传感器模块负责监测区域内信息的采集和转换，信息处理模块负责管理整个传感器节点，存储和处理自身采集的数据或者其他节点发送来的数据，无线通信模块负责与其他传感器节点进行通信，能量供应模块负责对整个传感器网络的运行进行能量供应。

传感器节点能量的供应是电池，节点能量有限，考虑尽可能地延长整个传感器网络的生命周期，在设计传感器节点时，保证能量供应的持续性是一个重要的设计原则。传感器节点能量消耗的模块主要包括传感器模块、信息处理模块和无线通信模块，而绝大部分的能量消耗集中在无线通信模块上，约占整个传感器节点能量消耗的 80%。因此，目前提出的传感器节点通信路由协议主要围绕着减少能量消耗、延长网络生命周期进行设计。传感节点具有原始数据采集、本地信息处理、无线数据传输及与其他节点协同工作的能力。依据应用需求，还可能携带定位、能源补给或移动等模块。节点可采用飞行器撒播、火箭弹射或人工埋置等方式部署。

目标是网络感兴趣的对象及其属性，有时特指某类信号源。传感节点通过目标的热、红外、声纳、雷达或震动等信号，获取目标温度、光强度、噪声、压力、运动方向或速度等属性。传感节点对感兴趣目标的信息获取范围称为该节点的感知视场,网络中所有节点视场的集合被称为该网络的感知视场。当传感节点检测到的目标信息超过设定阈值,需提交给观测节点时,被称为有效节点。

观测节点具有双重身份。一方面,在网内作为接收者和控制者,被授权监听和处理网络的事件消息和数据,可向传感器网络发布查询请求或派发任务;另一方面,面向网外作为中继和网关完成传感器网络与外部网络间信号和数据的转换,是连接传感器网络与其他网络的桥梁。观测节点有被动触发和主动查询两种工作模式,前者被动地由传感节点发出的感兴趣事件或消息触发,后者则周期扫描网络和查询传感节点。

3.5.2　无线传感器网络物理体系结构

传统的无线传感器网络采用"平坦"结构,部署在监测区域中用于数据采集的微型传感器节点同构,每个节点的计算能力、通信距离和能量供应相当。节点采集的数据通过多跳通信的方式,借助网络内其他节点的转发,将数据传回到汇聚节点,再通过汇聚节点与其他网络连接,实现远程访问和网络查询、管理。平坦结构的网络虽然能够工作,但随着节点数量的增加、网络覆盖范围的扩大,长的通信路径将导致数据包丢失的概率增大,网络性能下降,也会导致用于转发数据的中间节点消耗更多的能量,降低网络生存周期。根据 IPv6 无线传感器网络的特点,实际应用中一般采用由异构节点组成的层次化的网络,如图 3.7 所示。

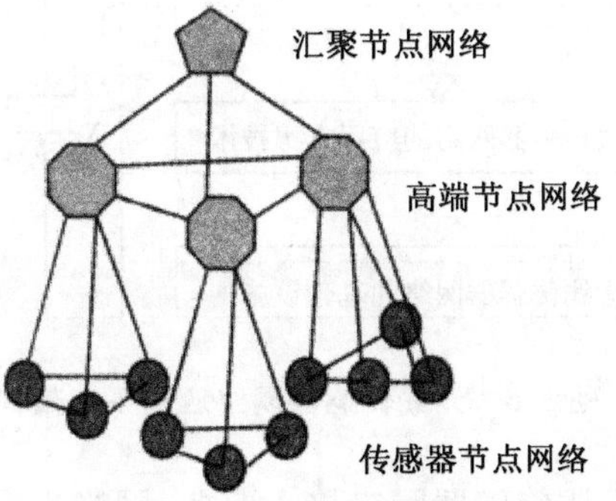

图 3.7　异构、层次化结构的无线传感器网络

3.5.3 无线传感器应用系统架构

无线传感器网络应用支撑层、无线传感器网络基础设施和基于无线传感器网络应用业务层的一部分共性功能以及管理、信息安全等部分组成了无线传感器网络中间件和平台软件。其基本含义是，应用支撑层支持应用业务层为各个应用领域服务，为其提供所需的各种通用服务，在这一层中核心的是中间件软件；管理和信息安全是贯穿各个层次的保障。无线传感器网络中间件和平台软件体系结构主要分为四个层次：网络适配层、基础软件层、应用开发层和应用业务适配层，其中网络适配层和基础软件层组成无线传感器网络节点嵌入式软件（部署在无线传感器网络节点中）的体系结构，应用开发层和基础软件层组成无线传感器网络应用支撑结构（支持应用业务的开发与实现）。网络适配层：在网络适配层中，网络适配器是对无线传感器网络底层（无线传感器网络基础设施、无线传感器操作系统）的封装。基础软件层：基础软件层包含无线传感器网络各种中间件。这些中间件构成无线传感器网络平台软件的公共基础，并提供了高度的灵活性、模块性和可移植性。无线传感器网络应用系统架构如图 3.8 所示。

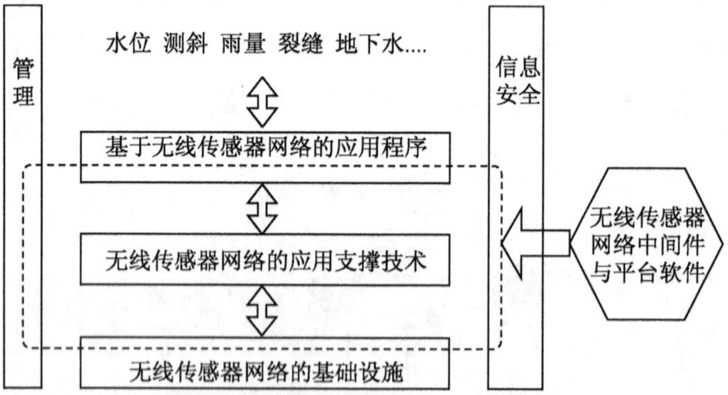

图 3.8 无线传感器网络应用系统架构

网络中间件：完成无线传感器网络接入服务、网络生成服务、网络自愈合服务、网络连通性服务等。

配置中间件：完成无线传感器网络的各种配置工作，例如路由配置、拓扑结构的调整等。

功能中间件：完成无线传感器网络各种应用业务的共性功能，提供各种功能框架接口。

管理中间件：为无线传感器网络应用业务实现各种管理功能，例如目录服务、资源管理、能量管理、生命周期管理等。

安全中间件：为无线传感器网络应用业务实现各种安全功能，例如安全管理、安全监控、安全审计等。

无线传感器网络中间件和平台软件采用层次化、模块化的体系结构，使其更加适应无线传感器网络应用系统的要求，并用自身的复杂换取应用开发的简单，而中间件技术能够更简单明了地满足应用的需要。一方面，中间件提供满足无线传感器网络个性化应用的解决方案，形成一种特别适用的支撑环境；另一方面，中间件通过整合，使无线传感器网络应用只需面对一个可以解决问题的软件平台，因而以无线传感器网络中间件和平台软件的灵活性、可扩展性保证了无线传感器网络安全性，提高了无线传感器网络数据管理能力和能量效率，降低了应用开发的复杂性。

3.5.4 无线传感器网络通信体系结构

无线传感器网络的实现需要自组织网络技术，相对于一般意义上的自组织网络，传感器网络有以下一些特色，需要在体系结构的设计中特殊考虑：

无线传感器网络中的节点数目较多，这就对传感器网络的可扩展性提出了要求，由于传感器节点的数目多、开销大，传感器网络通常不具备全球唯一的地址标识，这使得传感器网络的网络层和传输层相对于一般网络而言有很大的简化。

自组织传感器网络最大的特点就是能量受限，传感器节点受环境的限制，通常由电量有限且不可更换的电池供电，所以在考虑传感器网络体系结构以及各层协议设计时，节能是设计的主要考虑目标之一。

由于传感器网络应用的环境的特殊性，无线信道不稳定以及能源受限的特点，传感器网络节点受损的概率远大于传统网络节点，因此自组织网络的健壮性保障是必须的，用以保证部分传感器网络的损坏不会影响全局任务的进行。

传感器节点高密度部署，网络拓扑结构变化快，对于拓扑结构的维护也提出了挑战。

根据以上特性分析，传感器网络需要根据用户对网络的需求设计适应自身特点的网络体系结构，为网络协议和算法的标准化提供统一的技术规范，使其能够满足用户的需求。无线传感执行网络通信体系结构如图 3.9 所示，即横向的通信协议层和纵向的传感器网络管理面。通信协议层可以划分为物理层、链路层、网络层、传输层、应用层。而网络管理面则可以划分为能耗管理面、移动性管理面以及任务管理面，管理面的存在主要是用于协调不同层次的功能以求在能耗管理、移动性管理和任务管理方面获得综合考虑的最优设计。

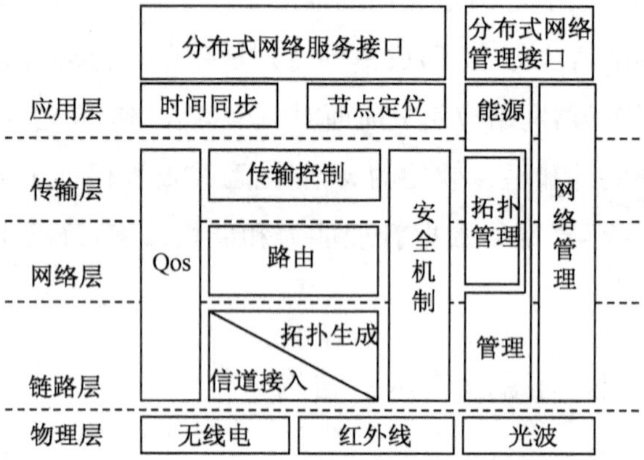

图 3.9　无线传感器网络通信体系结构

1. 物理层

无线传感器网络的传输介质可以是无线电、红外线或者光介质。无线传感器网络主要使用无线传输。

2. 数据链路层

数据链路层负责数据流的多路复用、数据帧检测、媒体接入和差错控制。数据链路层保证了无线传感器网络内点到点和点到多点的连接。

媒体访问控制(MAC)层协议主要负责两个职能。其一是网络结构的建立。因为成千上万个传感器节点高密度地分布于待测地域，MAC 层机制需要为数据传输提供有效的通信链路，并为无线通信的多跳传输和网络的自组织特性提供网络组织结构。其二是为传感器节点有效合理地分配资源。

3. 网络层

传感器网络节点高密度地分布于待测环境内或周围，在传感器网络发送节点和接收节点之间需要特殊的多跳无线路由协议。无线传感器网络的路由算法在设计时需要特别考虑能耗的问题。基于节能的路由有若干种，如最大有效功率路由算法、最小能耗路由算法、基于最小跳数路由、基于最大最小有效功率节点路由等。传感器网络的网络层的设计特色还体现在以数据为中心。在传感器网络中人们只关心某个区域的某个观测指标的值，而不会去关心具体某个节点的观测数据。而传统网络传送的数据是和节点的物理地址联系起来的，以数据为中心的特点要求传感器网络能够脱离传统网络的寻址过程，快速有效地组织起各个节点的信息并融合提取出有用信息直接传送给用户。

4. 传输层

无线传感器网络的计算资源和存储资源都十分有限，而且通常数据传输量并不是很大。因而，存在传感器网络是否需要传输层这一问题。因特网的传输控制协议(TCP)是基于全局地址的端到端传输协议，其设计思想中基于属性的命名对于传感器网络的扩展性并没有太大的意义，因此适合于传感器网络的传输层协议应该更类似于 UDP 协议。

灵活性、容错性、高密度以及快速部署等传感器网络的特征为其带来了许多新的应用。在未来，有许多广阔的应用领域可以使用传感器网络，它将会成为人们生活中的一个不可缺少的组成部分，实现这些和其他的传感器网络的应用需要自组织网络技术。然而，传统 Ad-Hoc 网络的技术并不能够完全适应于传感器网络的应用。因此，充分认识和研究传感器网络自组织方式及传感器网络的体系结构，为网络协议和算法的标准化提供理论依据，为设备制造商提供现实参考，已成为当前无线传感器网络研究领域中一项十分紧迫的任务。也只有从网络体系结构的研究入手，带动传感器组织方式及通信技术的研究，才能更有力地推动这一具有战略意义的新技术的研究和发展。

第 4 章 监测系统可靠性提升

4.1 概述

微机测控系统,尤其是嵌入式单片机及微控制器在工业自动化、生产过程控制、智能化仪器仪表等领域的应用越来越深入和广泛,有效提高了工作效率,改善了工作条件,大大提高了控制质量与经济效益。但是,测控系统的工作环境往往是比较恶劣和复杂的,其应用的可靠性及安全性是一个非常突出的问题。在水工监测自动化领域,基于微控制器的测控系统必须长期稳定、可靠地运行,否则将导致相关水文及安全监测数据无法及时采集,严重时会使系统失灵,甚至造成巨大的损失。

影响测控系统可靠、安全运行的主要因素是来自系统内部及外部的各种电气干扰,以及系统结构设计,元器件选择、安装、制造工艺和外部环境条件等。这些因素对测控系统造成的干扰后果主要表现在以下几个方面。

1. 数据采集误差加大

干扰侵入基于微控制器系统测量单元模拟信号的输入通道,叠加在有用的传感器输出信号之上,会使数据采集误差加大,特别是当相关传感器的输出信号比较微弱时,干扰造成的后果会更加严重。

2. 控制状态失灵

微控制器输出的控制信号常常依据某些条件下的状态输入信号和这些信号的逻辑处理结果,若这些输入的状态信号受到干扰,引入虚假状态信号,将会导致输出控制误差加大，甚至控制失常。

3. 数据受干扰发生变化

在基于微控制器的测控系统中，来自外部的干扰可能会影响片内程序存储器的读写，相关数据可能被篡改。根据干扰窜入的途径、受干扰数据的性质不同，系统受损坏的情况也会有所不同。有的造成数据误差，有的使控制失灵，有的改变程序状态，有的改变某些部件(如定时器、计数器、串口等)的工作状态等。

4. 程序运行失常

基于微控制器的嵌入式程序的正常运行离不开程序计数器 PC 的正常工作，它是系统维持正常状态的关键所在。但若外界干扰导致 PC 值改变，也会破坏程序的正常运行。由于受干扰后的 PC 值是随机的，因而程序入口错误将导致程序混乱。通常情况下程序将执行一系列毫无意义的指令而最后进入“死循环”，这将使微控制器的输出产生严重混乱或导致系统失灵。

由于存在干扰，如何保证和提高微控制器测控系统的可靠性和安全性，已成为一个亟待解决的问题，水利监测行业尤为如此，原因主要有以下几点：

① 在水利监测行业应用中，微控制器测控系统的使用条件从环境优良的机房转向野外、水上、空中等复杂环境，其工作条件往往比较恶劣，导致相关微控制器芯片受干扰而出错的概率增加。

② 在水利监测行业尤其在汛期的设备使用中，任何因采集模块系统故障导致的数据缺失均有可能造成重大的安全事故。

③ 随着水利监测行业自动化程度的提高和数字化、智能化仪器仪表的广泛使用，对基于微控制器的传感器、数据采集设备、数据传输设备及数据记录设备的需求量越来越大，一旦其中一个环节的设备出现问题，整个系统可能存在瘫痪的风险。

④ 水利行业从业人员水平参差不齐，为防止和修正工作人员操作失误，需要系统具备一定的自修复自判断和容错功能。

可靠性是描述系统长期稳定、正常运行能力的一个概念，也是产品质量在时间方面的特征表示。同时，可靠性又是一个统计的概念，表明在某一时间内某个产品或系统稳定正常完成预定功能指标的概率。对于应用在恶劣水利工程监测现场的仪器、仪表及数据采集装置而言，可靠性水平是相当重要的质量指标。

基于微控制器的测控系统的可靠性技术涉及生产过程的很多方面，不仅与设计、制造、检验、安装、维护有关，还与生产管理、质量监控体系、使用人员的专业技术水平等有关。现主要从技术的角度探讨提高基于微控制器的测控系统可靠性的常用技术方法。

4.2 可靠性设计任务

影响微控制器系统可靠性的因素有内部及外部两方面。针对内外因素的特点，采取有效的软硬件措施，是可靠性设计的根本任务。导致系统运行不稳定的内部因素主要有以下三点：

① 元器件本身的性能与可靠性。元器件是组成系统的基本单元，其特性好坏与稳定性直接影响整个系统性能与可靠性。因此，可靠性设计中首要的工作是精选元器件，使其在长期稳定性、精度等级方面满足要求。

② 系统结构设计。包括电路结构设计和运行软件设计。元器件选定之后，根据系统运行原理与生产工艺要求将其连成整体，并编制相关软件。电路设计中要求元器件或线路布局合理，以消除元器件之间的电磁耦合相互干扰；优化的电路设计也可以消除或削弱外部干扰对整个系统的影响，如去耦电路、平衡电路等；也可以采用冗余结构，当某些元器件发生故障时也不影响整个系统的运行。软件是微控制器的测控系统区别于其他通用电子设备的独特之处，通过合理编制软件可以进一步提高系统运行的可靠性。

③ 安装与调试。元器件与整个系统的安装调试是保证系统运行和可靠性的重要措施。尽管元器件选择严格，系统整体设计合理，但如果安装工艺粗糙，调试不严格，仍然无法达到预期的效果。

导致系统运行不稳定的外部因素主要指系统所处工作环境中的外部设备或空间条件导致系统运行的不可靠因素，主要包括以下几点：

① 外部电气条件，如电源、电压的稳定性，强电场与磁场等的影响。

② 外部空间条件，如温度、湿度、空气洁净度等。

③ 外部机械条件，如振动、冲击等。

4.3 可靠性设计关键技术

4.3.1 元器件的可靠性提升技术

元器件是系统的基本组成部分，其性能及可靠性是整体性能与可靠性的基础。电子元器件的故障率的降低主要由生产厂家来保证。作为设计与使用者需要保证所选用的元器件的质量或可靠性指标符合设计要求。为此，必须采取以下措施：

1. 严格管理元器件的购置、储运

采购元器件之前应对生产厂家的质量信誉有所了解，可通过厂家提供的有关数据资料获得，也可通过亲自试验加以检验。厂家一旦选定，就不应轻易更换，尽量避免在一台设备中使用不同厂家的同一型号的元器件。元器件的储运要符合说明书规定的技术条件，避免意外损坏。

2. 老化、筛选及测试

电子元器件在装机前需经过老化筛选，淘汰掉质量不佳的元件。老化处理的时间长短与所用元件量、型号、可靠性要求有关，一般为 24 h 或 48 h。老化时所施用的电气应力（电压或电流等）应等于或略高于额定值，常为额定值的 110%～120%。老化测试后应主要淘汰那些功耗偏大、指标明显变化或不稳定的元器件，老化前后性能指标保持稳定的元器件作为优选。

3. 降额使用

降额使用就是在低于额定电压或电流的条件下使用元器件，这将能提高元器件的可靠性。降额使用多用于无源元件（电阻、电容等）、大功率器件、电源模块或大电流高压开关器件等。降额使用不适用于 TTL 器件，因 TTL 电路对工作电压范围要求较严，不能降额使用。另外，MOS 型电路也可降压使用，但因其工作电流微小，失效主要不是由功耗发热引起的，故降额使用对 MOS 集成电路的效果不大。

4. 选用集成度高的元器件

随着微电子技术的发展，电子元器件的集成化程度越来越高。系统选用集成度高的芯片可减少元器件的数量，使得电路板布局简单，减少焊接和连线，因而大大减少故障率和受干扰的概率。和传统的抗干扰技术相比，选用高集成度的芯片以提高系统的可靠性是抗干扰设计的新趋势，是抗干扰技术先进性的重要标志。

4.3.2 部件及系统的可靠性提升技术

部件及系统的可靠性提升技术是指功能部件或整个系统在设计、制造、检验等环节所应用的可靠性措施。元器件的可靠性主要取决于元器件制造商，部件及系统的可靠性则取决于设计者的精心设计和规划。可靠性研究资料表明，影响计算机可靠性的因素，有40%来自电路和系统设计。部件及系统的可靠性提升技术主要包括以下几个方面：

1. 冗余技术

冗余技术也称容错技术或故障掩盖技术，它是通过增加完成同一功能的并联或备用单元(包括硬件单元和软件单元)数目来提高系统可靠性的一种设计方法。如在电路设计中，对那些容易产生短路的部分，以串联形式复制；对那些容易产生开路的部分，以并联的形式复制。冗余技术包括硬件冗余、软件冗余、信息冗余、时间冗余等。

硬件冗余是用增加硬件设备的方法，当系统发生故障时，将备份硬件顶替上去，使系统仍能正常工作。一般来说，在电路级、功能单元级、部件级和系统级都可以采用冗余结构。增加的硬件设备，可以采用多重结构、双机系统、表决系统等。硬件冗余结构主要用在高可靠性场合，成本较高。

2. 电磁兼容性设计

电磁兼容性设计是指计算机系统在电磁环境中的适应性，即能保持完成规定功能的能力。电磁兼容性设计的目的，是使系统既不受外部电磁干扰的影响，也不对其他电子设备产生影响。电磁兼容性设计是针对电磁环境对系统的干扰问题进行的研究，所以又被称为抗电磁干扰设计，简称抗干扰设计，它是可靠性设计的一个重要分支。可靠性提升技术所涉及的外部条件较为广泛，抗干扰设计仅针对外部电磁环境而言。由于外部电磁环境是影响基于微控制器的测控系统稳定运行的主要因素，抗干扰设计是诸多可靠性设计内容中的重点。

基于微控制器的测控系统常用的抗电磁干扰的硬件措施有滤波技术、去耦电路、屏蔽技术、接地技术等；常用的软件措施主要有数字滤波、软件冗余、程序运行监视及故障自动恢复技术等。

3. 信息冗余技术

对基于微控制器的测控系统而言，保护信号信息和重要数据是提高可靠性的重要方面。为了防止系统因故障等原因丢失信息，常将重要数据或文件多重化，复制一份或多份"拷贝"，并存于不同的空间。一旦某一区间或某一份备份被破坏，则自动从其他部分重新复制，使信息得以恢复。

4. 时间冗余技术

为了提高基于微控制器的测控系统的可靠性，可以采取重复执行某一操作或某一程序，并将执行结果与前一次的结果进行比较对照来确认系统工作是否正常。只有当两次结果相同时，才被认可并进行下一步操作。如果两次结果不相同，可以再重复执行一次，当第三次结果与前两次中的一次相同时，则认为另一结果为偶然故障引起的而应当剔除。如果三次结果均不相同时，则初步判定为硬件永久性故障，需要进一步检查。

这种办法以用时间为代价来换取可靠性，被称为时间冗余技术，俗称重复检测技术，其优点是不用增加设备的硬件投资，简单易行；其不足是减慢了运行速度，因而只能被用于执行时间比较宽裕操作步骤又比较简单的情况。

5. 故障自动检测与诊断技术

对于比较复杂的系统，为了能及时检验出有故障的装置或单元模块，以便及时把有用单元替换上去，就需要对系统进行在线测试与诊断。这样做的目的有两个：一是为了判定动作或功能的正常性；二是为了及时指出故障部位，缩短维修时间。

6. 软件可靠性技术

基于微处理器的测控系统的运行软件通常指收录于微处理器程序存储单元内的嵌入式软件，俗称单片机固化程序。软件是系统欲实行的各项功能的具体反映，其可靠性主要标志是软件是否真实而准确地描述了欲实现的各种功能。因此提高软件可靠性的前提条件是设计人员对测控系统要实现哪些功能以及怎样实现功能过程的深入了解，并且使软件易读、易测和易修改，要做到这些应尽量将软件规范化、标准化和模块化，尽可能把复杂的问题化成若干较为简单明确的小任务。把一个大程序分成若干独立的小模块，有助于及时发现设计中的不合理部分，且检查和测试几个小模块要比检查和测试大程序方便得多。

7. 失效保险技术

有些重要测控系统，一旦发生故障时希望整个系统应处于安全或保险状态，有时无论故障性质如何，应自动切断后继执行设备或电路的工作，以免造成更大事故。

第 5 章　数据采集及分析软件开发

5.1　智能数据采集软件

5.1.1　概述

南水北调中线工程智能数据采集软件是为配套本项目而研制的一款智能化监测模块和装置软件。软件安装在数据监测接收中心，运行于 Windows（Windows XP、Win7 等常用办公系统软件）环境下，主要用于控制数据采集网络对所有接入系统的各类仪器进行一定方式的自动化测量（巡测、选测、自报测量等），同时将监测数据保存在中央控制的测值数据库中。

智能数据采集软件的数据采集网络由中央控制装置和测控装置（MCU）构成，网络的中央节点为中央控制装置，安装在监控室内，其主要功能是对数据采集网络进行管理。数据采集网络节点为测控装置，分别安装在监测仪器或传感器比较集中的部位，其主要功能是对接入的仪器进行应答测量和自报测量。数据采集网络的拓扑结构采用分层分布式结构，通信总线采用双绞线，实现双向通信，其中传输信号为数字量，因而有较强的抗干扰能力。

5.1.2　软件功能研发

智能数据采集软件主要包括数据通信、数据采集、数据浏览、数据管理 4 大功能模块，兼容本项目研制的测斜模块、地下水模块及环境量模块，同时具备其他模块扩充功能。软件可以实现对南水北调中线工程的自动化监测系统数据实时、定时数据采集与监测，远程监测设置，设备状态自检，适应极端条件的自主监测等功能特色。具体如图 5.1 所示。

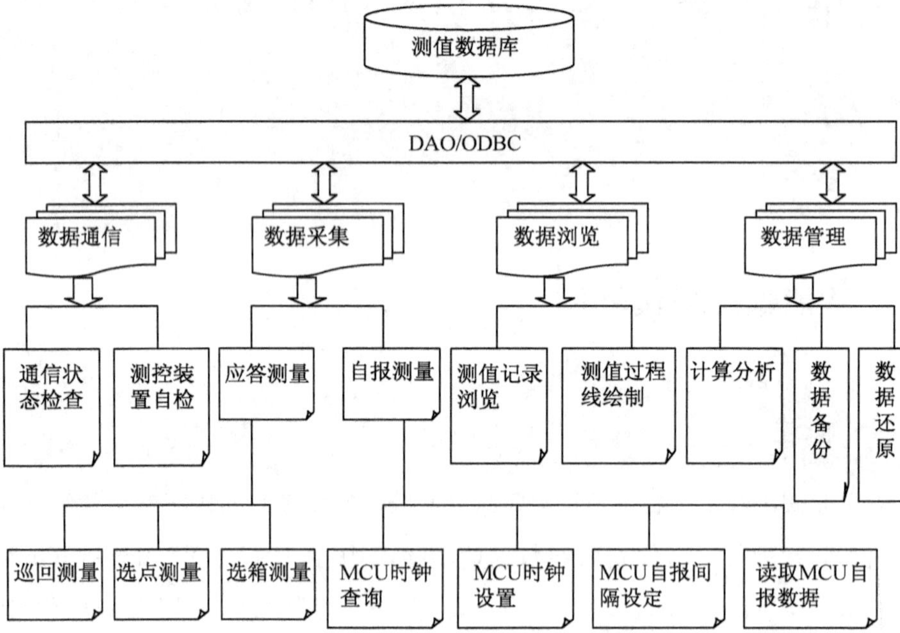

图 5.1　数据采集软件功能框图

1. 系统自检功能

该采集软件能对系统各部位运行状态进行自检、自诊断，并可实时打印自检、自诊断结果及运行中的异常情况，形成硬拷贝文档。系统自检的主要功能有：

1）检查中央控制装置与各台测控装置之间的通信线路连接情况。

2）检查每台测控装置中 CPU 板的工作情况。

3）检查每台测控装置中的电压。

4）检查每台测控装置中所接模块的温度。

5）检查每台测控装置中所接测量板的数量。

6）检查每块测量板的工作状态和所接仪器个数、类型。

自检完成后，系统将向用户提供信息表(如图 5.2 所示)，及时发现和处理采集网络中存在的问题。系统自检功能对整个系统的安全、稳定运行以及采集数据的可靠性起了重要的保障作用。

设备号	[MCU-1]				
电阻值 Rt(Ω)	电阻比 Z	芯线电阻 r白(Ω)	电池1电压(V)	电池2电压(V)	温度(℃)
100.01	1.0003	0.00	13.4	13.9	12.2
测量板号	仪器类型	接入点数	测量板状态		
1	翻斗式雨量计	1	正常		
2	浮子式水位计	1	正常		

图 5.2　系统自检信息表

2. 数据通信功能

数据通信是采集网络中的重要环节，它实现监控主机与各台测控装置、监控主机与信息管理主机之间的双向数据通信和命令传递，同时保证了中央控制装置与上一级数据管理主机之间的远程控制和远程数据传输。设计时，采集软件的底层通信包采用标准 WIN32API 函数开发，数据通信功能的实现采用多线程技术，各线程管理不同的通信任务对象。同时充分考虑抗干扰设计，即使数据包的包头和包尾有乱码也能自动剔除，保证采集网络中数据的相互传输更加安全、可靠和高效。

3. 数据采集功能

数据采集软件能够实时、定时采集监测数据，并具有超差复测功能。采集方式有两种，即：

1）中央控制方式（应答式），由数据采集软件下达命令，网络节点上的所有测控装置进行巡测或选测，测量完毕后将数据根据命令存储在监控主机中。

① 巡回测量：对所有接入自动化监测系统的各类监测仪器进行逐点测量，测量完毕后，显示测量数据，用户可以根据实际情况决定是否将测值保存到中央控制装置的测值数据库中。

② 选择测量：根据运行要求，对某一测点的监测仪器进行测量，测量完成后显示测值，并可由用户决定是否入库。

2）自动控制方式（自报式），测控装置按内部设定时间间隔自动进行测量，测量完毕后将数据存储，并定时将存储数据传输到中央控制装置的测值数据库中。

自报测量前采集软件首先初始化各台测控装置的运行时钟，使整个系统同步运行，然后设定各台测控装置的自报时间间隔（根据对各测量项目测量周期的不同要求，可以为每台测控装置设定不同的自报时间间隔），设定完成后各台测控装置自动按自报时间间隔进行测量，存储测量数据并定时传送给采集软件。

当中央控制装置发生故障或在总线故障系统完全断电的情况下，各台测控装置也能由蓄电池提供电压，按自报时间间隔进行测量，自动存储数据。当系统正常运行后，采集软件可将测控装置内存储的测量数据提取上来。

4. 数据管理功能

系统所有测量数据分二级存储：测控装置可以暂存测量数据，存满后自动覆盖，中央控制装置接受所有测控装置的测量数据，自动检验，对超限数据自动报警，检验后的数据存入中央控制装置的数据库中。在入库过程中采集软件可自动对原始测量数据进行入库控制和成果的计算，具有完善的临时和历史测值的数据库管理功能，测值数据可显示、查询、检索、绘制、拷盘、打印过程线。

当中央控制装置和信息管理系统联网运行时，还可将测量数据按一定的要求导入到信息管理系统的监测数据库中，以供进一步分析处理。

5. 报警功能

对现场各种异常情况进行分析、归类，指出其发生的时间、报警内容，判断发生故障的原因、故障地点，能以相应的屏幕文字、字体颜色发出报警信号，并标明故障数量（如图 5.3 所示），生成报警事件汇总表，根据设计工程师或运行人员确定的各测点的限值，发出不同级别的报警功能。

图 5.3 报警显示

6. 显示功能

数据采集系统的多文档设计可以方便地显示工程安全监测系统的全貌，显示所有测点平面布置图及各坝段剖面图，用户可以根据图形导航直接对测点数据进行快速选点，实时采集与查询。

通过工具条上的控件能够快速显示各测点的监测数据、历史成果数据、各种过程线和所有相关的系统信息，并可以实时打印各种显示信息。

7. 备份管理

备份管理提供了数据和系统信息的备份与还原功能，针对数据采集服务器定时自动实现数据备份。将任意时间段的数据备份出来，在系统需要时还原进系统（例如恢复系统、数据软盘传递等情况）。

8. 数据处理软件接口

为数据处理软件提供了非常简明的测量数据表，所有的测量数据都在一个表中，通过这样的测量数据表，数据处理软件可以很方便地获取数据。

数据处理系统得到的分析结果还可以反馈到数据库中，利用该接口，就可以实现通过数学模型监控工程安全性态。

9. 极端条件下的自主智能监测

软件通过监视一侧环境量、地下水等重要监测指标，后台自主计算和判别监测量数据变化情况，根据异常评定算法，智能识别在汛期暴雨等极端条件下的监控指标，进而自主调整监测频次、重点监测项目、反馈设备运行状态，确保极端条件下数据获取的及时性和可靠性。

5.2　外部系统数据融合软件

外部系统数据融合软件对智能数据采集软件和其他外部系统数据监测软件的数据进行监控，定时读取、处理并整编多系统监测数据，最终形成综合数据库。数据融合流程如图 5.4 所示：本次南水北调中线工程数据融合软件定时自动读取华思、基康等外部系统数据库数据（读取间隔可设置），同时定时录入南京水文所监测系统数据，并预留其他外部系统数据接入手段。

外部系统数据融合软件作为后台运行的 Windows 程序在服务器上运行，按照指定的时间间隔定期自动读取各个独立监测系统数据库数据（支持主流商用数据库软件），对实时监测数据进行 ETL 数据预处理，在确保数据质量的基础上获取原

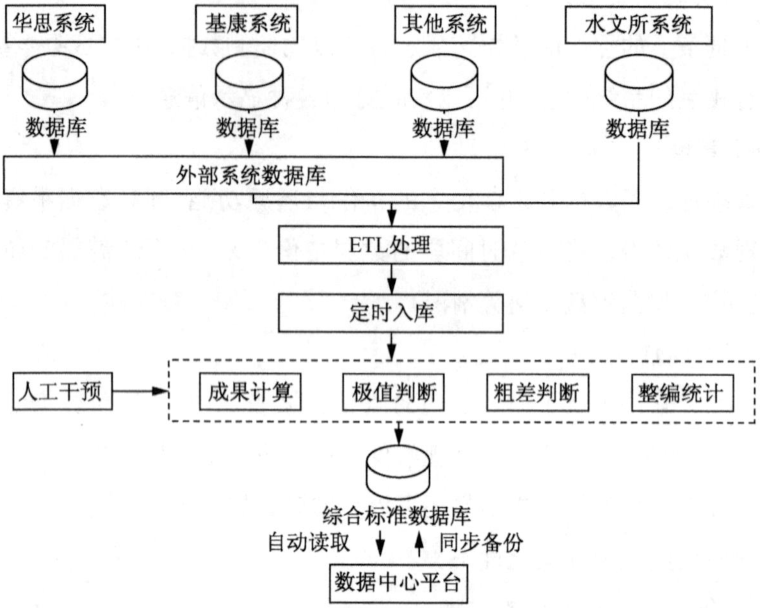

图 5.4　数据融合流程图

始监测数据入库，并提供成果计算、极值判断、粗差判别、整编统计等数据判别控制流程，形成多系统融合的南水北调中线工程安全监测综合数据库。除了自动处理流程外，本软件还提供人工实时数据处理过程，确保异常情况下人工干预数据融合工作。最终形成的综合数据库向数据中心平台提供标准化数据结构说明，供中心平台读取数据。

本软件数据处理操作、数据处理功能最少包括以下内容（核心界面如图 5.5 所示）：

1）对采集的数据进行合理性、有效性检查。

2）以采集的数据更新实时数据库。

3）根据监测、调度、控制及管理的要求，对采集的数据进行分析计算并生成相应的数据库。

4）对采集的数据进行处理并存入历史数据库。

5）数据采集和处理满足系统实时性的要求。

- 数据入库——每隔设定的入库间隔时间，系统会从数据库中分别查找各

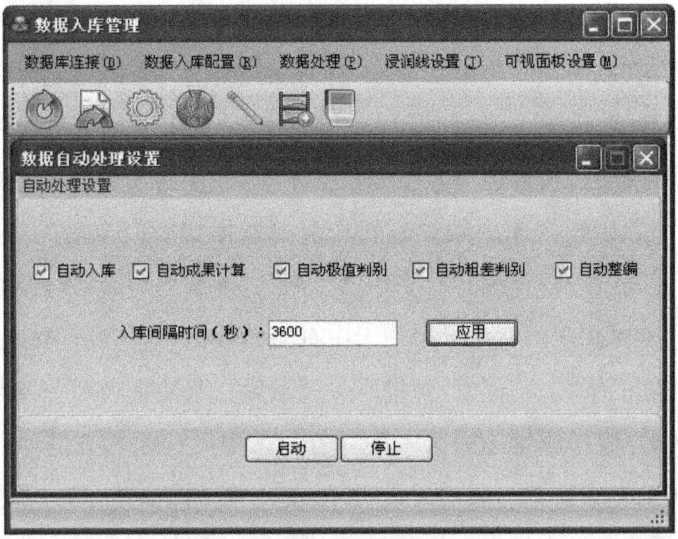

图 5.5 数据处理子系统软件核心界面

测点的最近入库时间与采集数据库的时间进行比对，若发现新数据，则自动将采集数据库中各条数据的测值与故障标记部分导入 SQL 数据库的原始数据表中，且在标记一列增加 &1(表示测值未做极值判断)与 &0(表示未计算成果)。

• 成果计算——第一遍先对所有测点进行直接成果计算，第二遍进行联合计算，计算完后，除去该条数据的 &0 标记。

• 极值判断——将一个测点某一条数据的各测值与该测点该测值设定的最大值、最小值及变幅进行比对，只要有任一测值的任一比对项目超限，则视为该条数据超限，在标记一列增加 o，判断完后，除去该条数据的 &1 标记。

• 粗差判别——若一条数据中含超限标记 o，则无需对该条数据进行粗差判别。利用 3δ 方法对数据中的每个成果分别进行粗差判别。只要有任一成果存在粗差，则视为该条数据存在粗差，在标记一列增加 z。粗差判别所用的参数保存在数据库表中，每周自动重算一次。

• 数据整编——若一条数据中含超限标记 o 或粗差标记 z，则该条数据不参与整编。对于除环境量之外的所有自动化测点，若在指定时间点的指定时间范围内原始数据库中存在唯一一条数据，则将其成果写入整编数据库中；若在指定时间点的指定时间范围内原始数据库中存在多条数据，则取时间与指定时间点最接近的一条数据，将其成果写入整编数据库中；若在指定时间点的指定时间范围内原始数据库中没有数据，则须在指定时间点的前后两个月内取原始数据库中前后各一条数据进行线性插值，将插值写入整编数据库中，并在整编数据库的标记一列增加1。若两个月内原始数据库中缺少时间点前的数据或时间点后的数据，则放弃插值，不再对该时间点进行整编。对于环境量测点，整编出的成果与原始测量计算出的成果相比具有更直观的意义。若一天中有原始数据，则气温、风速、风向、气压取一天内几次数据的平均值，蒸发、雨量取一天最后一条数据和第一条数据之间的差值，故环境量测点整编原则为一天一条。若一天中没有原始数据，则当天气温、风速、风向、气压的整编数据与前一天相同，蒸发、雨量的整编数据为零。而对于所有人工测点（包括环境量中的库水位），则不论频次，将原始库中所有数据全部如实整编至整编数据库。

• 数据库配置——如图 5.6 所示，包括本地数据库设置和外部数据库设置，通过数据库配置支持工程安全监测信息管理系统与数据采集系统原始数据库无缝对接，并且提供与外部跨平台监测系统数据的对接接口，能够实现多源异构数据的对接融合，形成中心综合数据库。

图 5.6 数据库配置

• 人工数据处理——当因为网络等问题导致采集数据长时间未入库时，能够在数据设置管理器中对未入库的数据手动进行批量处理。支持所有测点或任意选择测点进行数据处理操作，并能够指定测点的任意时间段监测数据进行处理，与自动数据处理形成功能互补（如图 5.7 所示）。

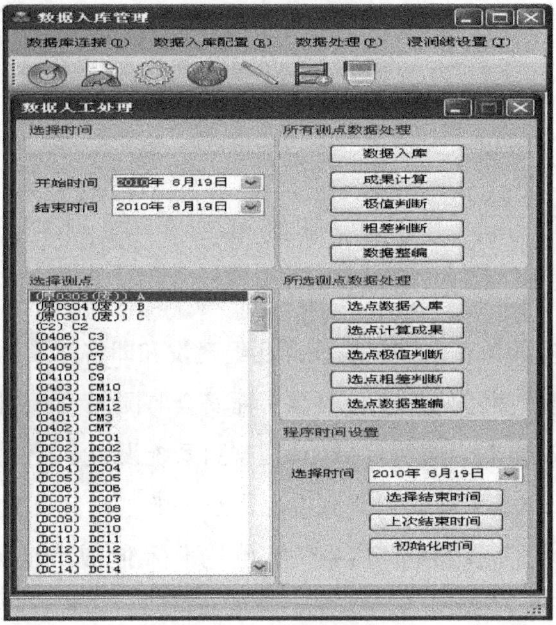

图 5.7 人工数据处理

第6章　安全监测与检测体系融合

6.1　概述

调水工程是“空间均衡”的基础，我国已经建设和即将建设的调水工程众多，但到目前为止其安全监测还是参考大坝等工程安全监测相关标准实施的，距离实际工程需求差距比较远，对于监测效果如何、监测系统设置和配置是否合理、隐患针对性是否强等这些调水工程安全监测中急需解决的基本问题尚不能明确回答，为此迫切需要编制调水工程安全监测系统评价技术标准，从而实现对调水工程安全监测系统的有效评价，为调水工程安全监测系统的进一步提升提供依据。

工程安全监测是了解工程长期性态的有力手段，是检验设计、反馈施工和指导运行的重要措施。检测作为应急和不定期手段是了解工程隐患、检查施工质量和现场获取工程力学、渗流和热学参数等的有效措施。安全监测存在一些缺点和不足，具体表现在监测项目设置、测点布置等依赖于工程经验，受经费限制不可能覆盖工程全部部位和全部时段，从而在有些部位或特殊时段出现异常或隐患时难以有效监测到异常信息。检测技术的不足主要表现在设备设施不利于现场长期工作，数据分析和处理难以做到实时和在线，在信息获取过程中的非结构数据还严重依赖检测人员的经验，难以做到单独依靠计算机实时处理。安全监测和检测作为了解工程运行状态、感知风险和隐患信息的一对有效手段，在时间、空间和状态方面可以取长补短，利用监测长期性实现可观测物理量的采集分析，通过采集的数据分析结构安全状态及其发展趋势，为预警服务。检测作为直观和局部状态获取的有力手段，可以有效发现不连续、间断等情况，弥补监测微观和机理分析上的不足，为监测异常分析提供依据，同时弥补监测的盲区。总之，为更全面深入地了解工程安全状态，切实有效地实现安全预警，有必要实现监测和检测体系的融合，发挥两者长处，克服两者的不足。但到目前为止，国内外尚未见针对监测-检测体系融合的研究报道以及针对大型调水工程安全监测系统评价标准的发布。

随着安全监测和检测工程实例的不断增加，相关研究成果不断发表，为调水工程安全监测系统评价以及安全监测和检测体系融合创造了条件。为此，充分利用国内外相关工程实例和文献资料，特别是南水北调中线工程经验和积累的相关数据，通过调查研究、数据分析和专家咨询，编制调水工程安全监测系统的评价标准和搭建监测与检测体系融合是可以实现的。

6.2　研究内容及技术线路

6.2.1　国内外研究现状

6.2.1.1　安全监测与检测体系融合方法

通过调查研究和文献研究，可以深入了解工程安全监测和检测的研究现状，了解异构数据融合、数据同化和系统协同理论与方法的研究现状，分析国内外先进深度学习理论、方法和实现技术，探讨其在大型调水工程安全监测-检测体系中应用的可行性。

重点了解南水北调工程安全监测和检测的现状，包括现有典型建筑物及其重点监测部位和关键监测断面的测点布置、监测物理量类型，收集南水北调已有的检测技术、资料及其效果评价，了解本项目即将采用的检测技术、方法和效果，分析现有安全监测、检测方法的特点及其应用效果，从建筑物安全风险和失效路径出发，探讨南水北调工程安全风险分析和运行管理对安全监测和检测体系融合的需求。

6.2.1.2　调水工程安全监测系统评价技术标准

通过查阅国内外相关文献，调查调水工程安全监测系统研究现状，包括相关法规、规范性文件及技术标准，通过典型工程和重点部位的现场调查研究，收集相关资料分析报告和数值模拟分析报告（必要时补算有关内容），在现有研究的基础上了解调水工程安全监测系统实施的依据、实际效果及运行管理单位对监测效果的评价，采用现场调查结合函调等方式了解调水工程运行管理单位对安全监测技术标准的需求。

深入分析大型调水工程失事案例、运行管理相关规章制度以及相关安全监测系统评价的理论方法。掌握大型调水工程特别是南水北调中线工程安全监测系统评价的理论、方法和相关标准的编制情况，分析其编制说明和编制依据，为调水工程安全监测系统评价标准提供参考。

6.2.2 理论和方法

根据水工结构理论、工程力学、损伤力学和多场耦合理论，结合系统论、信息论、控制论和协同论，分析监测和检测各自理论基础及其在反映结构状态方面的特点，找出调水工程安全监测与检测融合方法的理论突破口，通过深度学习、信息融合和空间转换等理论和方法实现安全监测-检测体系的融合。

6.2.2.1 安全监测与检测体系融合方法

依据信息感知、数据清洗、模型建立、诊断预警 4 个体系，分别从时间尺度、空间尺度、物理意义、状态特征等方面解决南水北调工程安全监测与检测体系（参见表 6.1）融合方法中 4 个关键问题：

1）什么时候融合：回答融合体系中的时间问题，针对特殊工况、应急处置等特殊情况回答融合的大时间尺度和小时间尺度的采样问题。

2）什么位置融合：结构缝隙、不连续面，特别是混凝土-土体结合部位、脱空区、地下埋管、穿黄建筑物等特殊部位，其状态演化对安全监测与检测敏感程度不同，通过隐患覆盖和有效预警的要求实现空间融合，回答融合的大空间尺度互补和小空间尺度布设问题。

3）融合什么：根据工程不同运行期、不同结构物的异常和隐患可观性及其演化，通过数据级、状态级、演化级分析融合，明确融合的状态变量、隐变量和特征向量的问题。

4）如何融合：探讨采用数据同化、模型修正、深度学习等理论和方法，构建不同异构数据之间的融合理论和方法。

表 6.1　调水工程安全监测-检测感知项统计表

类别		感知项	备注
大类	项目		（根据具体建筑物及其不同阶段的对安全的敏感性、代表性和重要性选择设置）
安全监测	环境量监测	水及波流	包括静水压力（及其变化速率）、动水压力、流速流态及水质等
		气温	对于大型复杂工程，当边界部位气温差及梯度较大时，应设置多个气温测点
		降水	包括液态降水与固态降水，后者包括积雪厚度、冰雹粒径等
		水温	为水工建筑物、护坡及底板资料分析服务
		冰冻	包括冰厚，冰压力，冰凌体积、形态、速度等
		自由场及震源	包括横、纵及表面波等波速、振幅、频率、相位及分布
		气压	主要用于数值分析及修正部分传感器的测值
		水质及泥沙	如氯离子含量影响水工程耐久性，泥沙含量及其种类直接关系坝前淤积与工程荷载
	巡视检查	小尺度变形、渗流	可采用人工结合便携式仪器进行，重点对隐蔽部位开裂、滑动、凹陷、浸湿等进行检查
		大尺度崩岸、滑坡	可采用无人机（船）、遥感、倾斜摄影等方式
	仪器监测	静变形	包括水平位移、垂直位移、相对位移、倾斜等
		动力响应	包括动变形、加速度、速度、相位等
		渗流	包括静孔隙水压力、动孔隙水压力、渗流量、水温等
		渗出水质及杂质	渗出水质及所含杂质的种类和含量
		应变、应力	包括应变/应力、支撑力、接触力、锚杆、锚索应力等
		结构及基础温度	包括表面、接触面及内部温度
安全检测	表观缺陷	表面变形及接缝止水	包括凹陷、突起、裂缝、龟裂、保护层开裂等
		结合部位松动扭曲	包括不同结构、不同材料结合（连接）部位
		冲刷、侵蚀、空蚀	包括表面和内部接触部位，水上和水下部位
		浸润	包括各种工况下建筑物及基础表面浸润面积、形状及扩展情况
		锈蚀、颈缩与屈曲	主要指挡水以及支撑部件的金属结构

续表

类别		感知项	备注 （根据具体建筑物及其不同阶段的对安全的敏感性、代表性和重要性选择设置）
大类	项目		
安全检测	内部缺陷	孔洞损伤	含材料或接触部位生物作用、材料侵蚀和内部冲蚀
		密实度与均匀性	孔隙率、夹杂、夹层、节理、裂隙等
	材质状况、耐久性及演化	碳化	碳化程度、深度及发展趋势
		力学性能	除材料和结构本身力学性能外，还包括结合部位联合受力的协调性
		抗渗性能	防渗结构、材料的抗渗性能
		抗冻性能	由冻伤导致的性能降低并可能影响工程安全的防渗结构、受力部件和材料
		抗冲刷侵蚀性能	由冲刷导致的破损并可能影响工程安全的溢流道、泄洪洞或接触冲刷等渗透破坏部位
		抗冲击碰撞性能	由可能影响工程安全的车、船或起重装置碰撞部位、外荷特征及响应
		钢筋锈蚀	包括钢筋以及锚杆、锚索等
		氯离子浓度	包括荷载水、渗漏水、自由水、结合水中氯离子含量
		电磁特性及声发射	含水率、电导率、介电常数、磁导率以及震电特征，电磁、声波及红外辐射等
	其他检测	闸门设施	包括闸门、启闭设备、限位开关等的可靠性
		机电设施	包括供电设施及备用电源，电源稳定、绝缘、接地和防雷等
		面板脱空	渠道护坡、底板相关支撑、孔洞、侵蚀
		生物探测	白蚁、植物等
		冻害检测	可能导致工程结构及其材料的力学性能、防渗性能和耐久性变化的冻胀、冻裂等
专项监测		关联工程	桥梁及交叉建筑物安全
		车船及漂浮物	速度和可控性，车船状态及库区漂浮物撞击、磨损情况
		供电排水设施稳定	电网稳定性、备用电源状态，抽排水设置、重要机械工作状态等
		台风暴雨等极端条件	根据台风暴雨风险图评估设置，监测量包括幅值、时程和空间分布
		人为及管理因素	运行人员、社会稳定度、战争及其他人为袭击可能性

6.2.2.2 调水工程安全监测系统评价技术标准

根据调水工程典型及关键建筑物，特别是南水北调中线工程典型、关键建筑物及其体系，按照检验设计、反馈施工和指导运行等不同目的，以及调水工程不同生命周期阶段对安全监测系统不同要求进行评价，从典型渠道建筑物、倒虹吸建筑物、渡槽建筑物、金属结构、机电设备、巡视检查等方面，明确评价指标体系、建立评价方法、确定评价指标，从监测项目的完备性、测点的有效覆盖性、数据采集方法的合理性、采集物理量的针对性、采样的及时性、系统的稳定性、网络和设备的可靠性、数据的可溯源性、监测精度的匹配性、应急监测的有效性、隐患发现的及时性、监控模型的鲁棒性、预警预报的准确性、监控指标的直观性、基于安全监测系统发现结构安全状态异常的有效性等方面对调水工程监测系统进行评价。

根据典型和关键建筑物不同服役阶段安全风险及失效模式，实现对典型建筑物安全监测系统的动态评价，从而为监测系统的优化和动态管理奠定基础。

6.2.3 示范应用

为将研究成果落到实处，并根据实际情况对研究成果进行评价，根据南水北调中线管理局下属分局和建筑物的代表性，在每个分局各选择一个典型或关键建筑物进行监测-检测体系融合和评价标准的示范检验。

通过示范检验融合方法和评价标准的正确性，同时将示范成果及时反馈给运行管理单位，从而指导水工程安全运行和管理。

6.2.4 技术路线

在国内外调水工程安全监测、检测理论和安全监测系统评价技术调查和研究成果分析的基础上，以南水北调中线工程为例，从本项目的关键技术问题入手，研究调水工程安全检测-监测融合方法和安全监测系统评价技术标准，构建南水北调工程安全监测体系与检测体系深度融合的理论和方法，编制调水工程安全监测系统评价标准。本项目的技术路线见图 6.1 和图 6.2 所示。

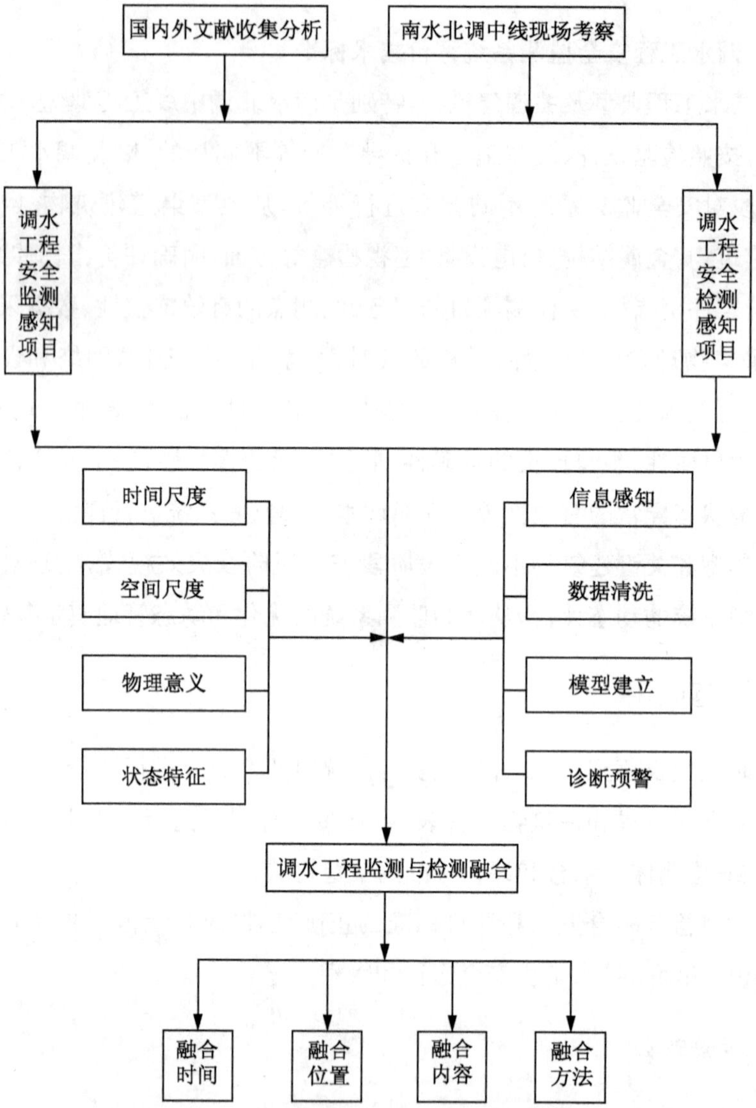

图 6.1　安全监测与检测融合关键技术路线

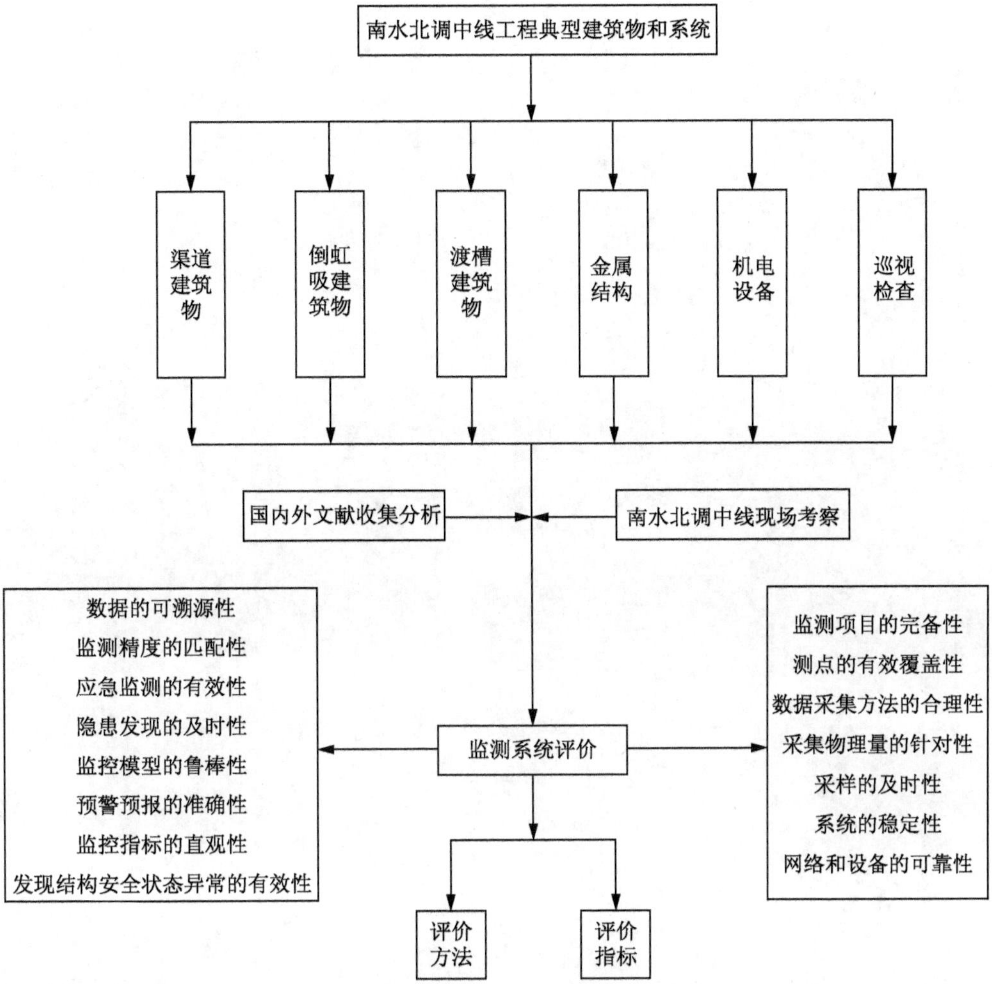

图 6.2 安全监测系统评价关键技术路线

第二篇

缺失数据生成

统计分析，如回归分析、主成分分析等是结构安全特征提取及预警指标确定的有效方法之一。这些统计分析方法都对样本容量具有一定的要求，近年来兴起的深度学习对样本容量则有更高的要求。然而在实际工程安全信息感知和数据分析中，会因为仪器损坏、干扰和误操作等各种各样的原因导致数据缺失，无法获得足够的样本量。以大型调水工程为例，现场检测时间及采样率有限，加上测量工况的变化，反应结构某一性态的样本总是有限的。再者许多仪器参数会随着时间以及运行环境的变化而变化，导致有效样本数量无法满足分析要求。总之，为满足不同统计分析对样本的要求，特别是随着大数据和深度学习的不断发展，研究基于人工智能的数据生成方法具有重要意义。

为了有效提高样本容量以获得更好的分析效果，本书将采用生成式对抗网络模型进行数据生成，探讨对稀疏样本的填补方法。

为适应恶劣现场环境，特别是使用便携式笔记本电脑处理方便的需要，本书基于原始生成式对抗网络框架，生成器和判别都采用单隐层网络来进行训练，其中隐含层和输出层的激活函数都采用 Sigmoid 函数，权重的初始化方式选用 Xavier 初始化，参数的优化方法则采用小批量梯度下降算法。为了验证网络训练的有效性，本文采用 KL 散度以及 Wasserstein 距离两种方法计算生成数据分布与原始数据分布之间的距离。最后采用长距离输水隧洞的实测数据进行结果分析。

实验结果表明，本书采用的数据生成的方法对于离散程度比较小的数据可以获得质量很好的生成数据，但是在离散程度比较大的数据的生成上效果不佳。为此，下一步将进行基于耦合物理机理生成数据方法的研究。

第1章 概述

1.1 研究背景

大型调水工程具有线路长、建筑物种类多、运行要求高等特点，其中建筑物与水力的相互作用及其安全性和耐久性是确保大型调水工程正常运行的基础。为确保有效感知大型调水工程安全状态，大型调水工程，如南水北调工程、珠三角引水工程及滇东引水工程等都埋设安装有大量监测仪器，其测点数都以万计。在长期运行条件下，大量监测仪器积累了大量的监测数据，随着非结构数据、检测数据的不断增加，大数据概念及其方法也逐步凸现。我国对于大数据的发展十分重视，2014年，大数据的概念首先被写入政府工作报告中，随后《中华人民共和国国民经济和社会发展第十三个五年规划纲要》、《大数据产业发展规划（2016-2020年）》等政府文件的颁发，成为我国大数据产业发展的指导纲领，具有深远的意义。

关于大数据概念的解释有很多，人们可以从狭义和广义两个方面来理解。根据数据本身，大数据可以狭义地被理解为具有庞大规模数据量的且数据结构多元的数据集；广义地解释，大数据还包括对数据的分析处理技术[1]。大数据的特点可以概括为4点：大量性、多样性、价值性以及高效性。第一，大量性指的是数据量的规模十分庞大，随着手机、电脑等网络通信工具的普及，数据产生的途径越来越广泛，数据量也越来越庞大，数据量的衡量单位早已从MB变成了PB。根据网络的不完全估计，仅仅是中国，每日互联网流量累计就已经达到了5亿GB，这样的数据量可以刻满 1.88 亿张光盘。第二,多样性指的是数据类型丰富多样,越来越普及的网络通信工具、越来越丰富的网络交流方式使得人们接触到的数据形式更多样。数据形式主要可以分为结构化和非结构化。结构化数据是指可以用二维表表示,能够通过逻辑表达来实现的数值数据;而非结构化数据则无法用二维表表示,它包括文本数据、图片数据、语音数据、视频数据以及网页形式的数据。第三,价值性主要指大数据背后的使用价值。大数据已经涵盖了社会的各行各业。通过大数据分析,挖掘其背后的商业价值、社会价值等对企业以及政府管理极其重要。然而,因为大数据规模庞大、数据实时更新,其中的价值也在不断变化,因此大数据还存在时间价值。第四,高效性是指对于大数据的处理必须要高效。正因为大数据存在时间价值,为满足实际需求,大数据的处理必须迅速有效。

数据挖掘与人工智能的成熟,使得人们必须面对海量的数据,大数据分析技术越来越受到学者的关注,大数据分析也被逐渐应用在医疗[2-4]、经济[5,6]、电力[7-9]、交通[10,11]、城市建设[12,13]等各行各业中。如在水利等大型建筑工程领域,大数据的研究一直也没有停下,期望通过大数据处理技术实现数据的信息化管理,充分挖掘有价值的信息,为准确操作以及精细化管理提供参考。但通过文献调研[14-18],笔者发现,对于大型调水工程,大数据的应用研究大多停留在理论阶段,成功应用的实例还很少,大数据的应用还存在许多问题[19],如数据误差、数据丢失或未知原因导致的实测数据不完整等[20]。本质上讲,有效数据样本量不足是导致分析结果误差比较大的重要原因。分析表明,实测数据的不完整主要有如下因素:① 人为误差,在实际工程的许多数据的采集还需要人的参与,甚至通过手工记录,这样易出现人为的错测、漏测等现象,导致高质量数据不足。② 仪器损坏,在人员无法参与的恶劣环境中,只能通过仪器进行数据采集,而随着时间的推移,仪器易出现损耗、损坏等问题,导致测量数据误差大。③ 信息覆盖,有效数据量受测点空间布置密度和时间采样频次的影响。对于大型调水工程,由于其线路长,很多结构处于交通、电力、通信不发达或无法保证的山区或地下,仪器数量和采样率都有限,因此导致大型调水工程长期运行情况下的有效监测数据不足[21]。因此,从上述角度分析,对于大型调水工程可能面临的问题包括两个方面,首先是数据不足问题,其次是多源异物问题。从某种意义而言,数据不足问题的解决有利于充分利用人工智能，特别是利用深度学习和大数据的研究成果。

神经网络模型作为人工智能、大数据分析和深度学习的基础，以强化学习、迁移学习和生成式对抗网络为代表。生成式对抗网络实质上是一种生成模型，但与一些传统的模型相比存在许多的优势。首先生成式对抗网络相较于玻尔兹曼机等传统模型，不需要复杂的马尔科夫链的过程，仅仅采用了简单的反向传播过程；其次与变分自编码器相比，生成式对抗网络没有决定性的偏置和变分下界，因此可以获得更加逼真的结果。虽然，生成式对抗网络的训练过程有时很难通过梯度下降达到纳什均衡，也就是训练过程会不稳定，但是可以通过一些训练策略改善这个问题。综合来说，相对于一些传统的神经网络模型，生成式对抗网络的训练过程并不复杂，还可以获得质量更好的结果，因此它是一种比较好的数据生成的方法。

通过文献的研究，笔者发现，从生成式对抗网络方法提出至今，它大都被应用于图像或者视频等连续数据的例子上，在离散数值数据上的研究很少。然而在本质上，对于图片等连续数据的预处理也要将其先转化为离散的数据再进行下一步训练。可见，采用生成式对抗网络对离散数值数据进行训练是可行的。为探讨水工程恶劣环境下数据生成问题，本书将以生成式对抗网络为切入点，结合水工程实测数据获取存在的困难，采用生成式对抗网络对水工程数据进行训练，实现数据的生成。

1.2 研究现状

本书将现有的补充数据集的方法归类为两种，一个是数据的填充，另一个是数据的生成。数据的填充是采用一定的估计方法对数据资料的缺失值进行估计，以获得完整的数据资料，再对其进行统计分析获得更为合理的分析结果[22]。而数据的生成则是从已有的少量的数据集学习其概率分布，生成更多的服从该分布的数据，生成的数据可直接和原始数据一起用于后续的分析[23]。数据填充和数据生成在出发点上有所不同，但本质上都属于数据的补充，本篇主要从数据生成的角度来进行研究。

1.2.1 数据的填充

数据填充方法可分为基于统计理论的方法和基于数据挖掘的方法[24]。最初的数据填充方法主要用于处理小样本数据，常用方法有线性回归方法、插值方法以及 EM 算法[25]，其中，典型的有 Dempster A P 等提出的 EM 算法（期望极大化算法）以及 Donld B Rubin 提出的多重填充方法，但由于计算工具的限制，这两种方法在当时使用比较受限。随着计算机技术的发展，对于这两种方法的改进与应用越来越广泛，李宏等[26]、邹薇等[27]都提出可以将 EM 算法与朴素贝叶斯估计结合。首先采用贝叶斯估计进行分类，作为 EM 算法的初始值，该方法具有更好的数据填充效果；同样从对数据分类再填充出发，梁秉毅等将决策树引入到 EM 算法中，采用优化的决策树进行数据分类，然后再进行 EM 算法的数据填充[28]。但是，采用 EM 算法进行缺失数据估计时存在一个问题，当缺失的数据信息量比较时大算法的收敛速度会很缓慢。为了有效处理具有混合属性的数据，刘思谦等提出对离散和连续的数据分别定义核函数然后计算各自的概率密度，从而构造估计器进行数据填充[29]；类似地，对于具有不同类别的数据，冷泳林等采用近邻传播算法先将数据聚类，然后根据同一类的属性值对缺失数据进行填充[30]。郑斌提出首先采用 BP 神经网络初始化网络权值，用遗传算法划分数据，利用信息论中的熵值计算同一类数据的属性值，实现对缺失数据的填充[31]；杨毅等采用单隐层前馈神经网络结构，随机设定隐层节点且不调整，学习过程仅计算输出权重的极限学习机，建立缺失部分属性与其他属性之间的映射模型，进行数据填充，效果较好[32]。以上研究大多针对低维数据，朱彦君、吴向阳提出一种基于张量分解的方法，利用 CP 分解法将高维张量分解为一维张量的和从而对高维数据进行缺失填充，并通过试验验证了该方法在图像数据填充的有效性，该方法在局部数据缺失和全局数据缺失上都很适用[33]。在遇到数据量比较大的情况时，结合深度学习的数据填充方法是比较高效的，卜范玉等提出自动编码器填充的思想，采用逐层训练和 BP 算法构建深度填充网络模型，实现对不完整大数据的填充[34]；张婵将数据填补分为连续属性和离散属性两类情况，采用支持向量机的思想，对连续属性用支持向量机回归预测缺失数据，对离散属性用支持向量机分类进行缺失数据预测，该方法较传统方法具有更高的精确率[35]。上述方法大多通过先将数据分类然后再进行缺失数据填充，这虽然能够提高数据填补的准确度但不免增加了工作量。国内现有的一些处理水工程实测数据缺失问题的方法大都是从数据填充的角度出发的，张彦昌为了获得每10分钟的水位实测数据，采用三次样条和牛顿多项式插值方法，实现了一段时间内水位数据缺失问题[36]；同样采用三次样条插值法，周清等结合加权平均法，建立序列灰色模型实现缺失数据的恢复[37]。三次样条插值的方法虽然能够获得很好的结果，但是该方法必须要求解方程组，这使得计算量增大。从统计理论角度出发，王娟等采用核独立分量分析对原始自变量进行非线性变换并提取独立分量，采用相关向量机对经核独立分量分析变换后的样本数据建立回归模型，从而获得强非线性表达能力且性能良好的模型，实现了对大坝缺失数据的恢复[38]；顾文权等假定缺失数据是随机变量，建立水质指标浓度分布模型，并应用贝叶斯理论及Gibbs抽样方法对参数和超参数的统计特征进行了估计，该方法较好实现了对缺失数据的估计[39]。不过，从建模过程可以看出这些方法都具有相当复杂的变换或是参数估计的过程。

1.2.2　数据的生成

数据的生成式模型包括朴素贝叶斯模型、高斯混合模型、深度信念网络、隐马尔科夫模型和LDA等。生成式模型一般与判别式模型一起出现，最早是由Dawid[40]在20世纪70年代提出。生成式模型和判别式模型都可以作为分类器使用。王桢文等利用生成模型的概念，建立一个网络的概率生成模型，通过计算潜变量的取值将未知类别的节点分类[41]，这是仅使用生成模型的研究应用。郭立君等提出一种将生成模型和判别模型结合使用的方法，减少了背景噪声对图像分类的影响，有效提高了图像分类的准确率[42]。在图像自动标注的应用上，柯逍等[43]、王梅等[44]都将生成模型和判别结合实现图像的自动标注，前者建立了一个三层处理模型，第一层采用判别模型进行图像标注，最后一层采用生成模型进行图像详细的自动标注；后者则是通过判别分析对待标注的图像逐步求精以提高生成模型的标注精度。在目标识别的应用上，刘倩等首先提取图像特征建立生成模型，而后采用判别模型训练目标图像区域，构建了一个动态自适应的识别器[45]；刘硕明等采用三层贝叶斯概率模型即LDA模型作为生成模型，判别模型采用支持向量机，通过核函数训练判别模型实现动作目标的识别分类[46]。

生成式模型能够学习数据分布以生成数据，因此比判别式模型应用更广泛。

杨鹏等采用一阶马尔科夫对氨基酸串和两级结构信息进行概率建模和采样，实现对 Loop 分布的预测，实验得到的结果更接近真实 Loop 结构的分布[47]，这是一个采用马尔科夫链的应用。而在实际应用中，马尔科夫链的计算相对比较复杂。因此，相对于传统的几种生成模型，生成式对抗网络模型近些年在数据生成的应用上更加广泛，它是一种结合判别式模型的生成模型。生成式对抗网络模型因其仅采用了简单的反向传播模型以及能够产生更加真实的样本的优点被广泛应用于无监督学习领域。

1.2.3 生成式对抗网络

生成式对抗网络是一种结合生成模型与判别模型各自优点的深度学习方法，简称 GANs。最初由 Goodfellow 等[48]于 2014 年提出，被 Yann LeCun 称其是近十年机器学习领域最让人激动的点子。模型中设置一个生成器和一个判别器，轮流对其训练，两者进行零和博弈，最终达到纳什均衡。即训练到最后，判别器无法分辨某一数据是来自真实数据还是生成器生成的“假数据”。

由于生成器和判别器的训练是单独轮流的，必然存在训练不平衡的问题。当判别器的训练性能较好时，便能够精确地判别某一数据样本是来自真实数据还是生成数据，那么此时判别器的误差损失自然会比较小。通过反向传播，传递到生成器的梯度就会很小，导致生成器难以得到很好的训练，这使得生成数据与真实数据之间差距很大，这就是梯度消失问题。对于此问题，一种解决的方法是对衡量真实分布和生成分布间距离的方式进行改进。Arjovsky 等提出 WGAN，采用 Wasserstein 距离代替原 GAN 模型的 Jensen-Shannon 散度来衡量真实数据分布与生成数据分布之间的距离，Wasserstein 距离相较于 Jensen-Shannon 散度而言是平滑的，即使生成数据分布与真实数据分布之间没有重叠也可以衡量它们之间的距离，从而提供训练梯度[49]。针对 WGAN 仍存在训练困难、收敛速度慢的问题，Gulrajani 等[50]提出一个 WGAN 的改进模型 WGAN-GP 模型，提出在目标函数的第二项对每个样本独立加入梯度惩罚的方法，该方法在理论上优于 WGAN，但实践上还未取得较好的成果。通过对距离进行改进，Mao 等提出 LSGAN 采用最小二乘距离代替原 GAN 模型的 Jensen-Shannon 散度以尽可能地接近数据分布的决策边界，并通过实例证明了 LSGAN 在收敛速度上取得了令人满意的结果[51]。

GANs 模型训练过程中还易出现模式坍塌问题，即对于任意随机变量，生成器仅仅能够拟合真实数据分布的部分模型。尽管在结果上生成器生成的数据与真实数据几乎一致，但生成器却无法生成更加丰富的数据。针对该问题，Tolstikhin 等[52]提出 AdaGAN。受到提升算法的启发，该方法在每次迭代时都根据训练样本拟合权重训练一个弱生成器，然后将这个弱生成器用加权的形式与上一次迭代得到的生成器混合组成得到当前的生成器，Tolstikhin 等从理论和实践上证明了该方法对解决模式坍塌问题具有很好的效果。

上述改进都是针对原始 GAN 模型理论基础存在的不足而进行的，从应用领域角度出发，为了获得更为优质的结果，研究者也做了许多的改进研究。为了生成带有指定标签的数据，Mirza 等[53]提出 CGAN，在模型加入一个条件约束（标签信息）以对训练过程进行约束；在此基础上，Chen 等[54]提出 InfoGAN，采用信息论的方法，利用互信息对条件进行约束，希望条件与生成数据的数据分布之间的互信息越大越好以获取更加具有可解释性的结果；为在满足判别样本真伪的基础上，进一步的判断出某一样本的类别，Odena 等[55]提出 ACGAN 模型，目标函数调整为正例数据的似然函数和正确分类的数据似然函数，该方法增加了样本的可辨性，有效保证了结果的稳定性。为获得质量更佳的复杂图像数据，Radford 等[56]提出深度卷积生成式对抗网络，采用卷积神经网络代替原始模型中生成器与判别器所采用的多层感知机，卷积神经网络具有更强的拟合和表达能力，使得改进模型能够生成更高质量的图片数据。

国内对于生成式对抗网络的研究近两年才有所开展，在理论研究层面相较于国外，成果还比较少，王功明等针对现有生成式对抗网络模型效率低下、易出现梯度消失的问题，提出一种基于重构误差的能量函数意义下的新模型，将自适应深度信念网络作为生成器，将自适应深度自编码器和重构误差结合作为判别器性能好坏的衡量标准，实践证明了该方法在学习速度和生成结果上都有所提高[57]；张龙等为了减小模式坍塌问题，提出一种协作时生成式对抗网络，构建多个生成器，使之在训练过程中相互学习的方法，该方法提高了网络对真实数据的拟合效果[58]。在应用层面的研究上，生成式对抗网络应用最多的就是对于图片的处理，孙全等针对现有图像修复存在修复痕迹明显、边缘不连续等问题，采用 Wasserstein 距离的使用条件生成式对抗网络，将破损图片作为条件实现了图片的有效修复[59]；孙亮等在生成式对抗网络中加入表征信息，利用单一视图构建其他视图，解决了复杂场景难以获得完整视图数据的问题[60]；卢倩雯等结合条件随机场和最小二乘生成式对抗网络搭建深度卷积网络，实现了漫画绘制过程的草图简化[61]。姚乃明等首先采用基于 Wasserstein 距离的生成式对抗网络补全因肢体等原因遮挡住的人脸表情图片，然后通过建立表情识别任务和身份识别任务的对抗关系，提取表情特征并对其进行分类[62]。谢川等针对现有蒙特卡罗去噪方法存在高频特征丢失的问题，将生成式对抗网络与蒙特卡罗去噪方法结合，得到了保留高频特征的量化指标[63]；郑文博等采用贝叶斯生成式对抗网络对图片的像素进行分类，有效地解决了图片背景去噪的问题[64]。在数据填补应用中，王力等为了解决因检测仪器覆盖不全或者设备损失导致的交通流量检测数据缺失问题，采用生成式对抗网络的方法实现了路网二维信息图的补全[65]；陈文兵等从噪声分布出发，首先假定噪声分布服从高斯混合模型的分布，然后将其作为条件生成式，对抗网络输入进行训练，网络训练实现了天气形势图数据增强[66]；刘宁等针对抑郁症数据难以采集、样本量小且数据特征数多的问题，采用条件深度卷积生成式对抗网络实现了抑郁症数据的扩充问题[67]。本篇将从数据填补角度，采用生成式对抗网络解决现场快速安全评估中的数据样本不足问题。

1.3 研究内容与技术线路

1.3.1 内容

考虑到大型调水工程实测数据的缺失问题，为获取期望的样本量，本文将从数据生成的角度出发，采用生成式对抗网络实现对实测数据的生成。本篇主要内容有：

1）分析生成式对抗网络现有方法的研究现状；结合数据资料分析生成式对抗网络在实测数据应用上的可行性。从理论上分析生成式对抗网络模型，为实验验证提供理论基础。

2）对网络的具体结构进行更深一层的分析，内容包括生成器和判别器的网络结构以及网络初始化、参数优化、网络损失函数、计算复杂度的计算等方法的选择，而后选用合适的软件进行编程。

3）结合应用实例，对生成数据的结果进行详细分析，采用 KL 散度、Wasserstein 距离度量生成数据分布与原始数据分布间的距离，并与时间序列预测方法、L 矩估计方法进行结果对比，验证网络的有效性。

1.3.2　技术路线

本篇技术路线如图 1.1 所示。

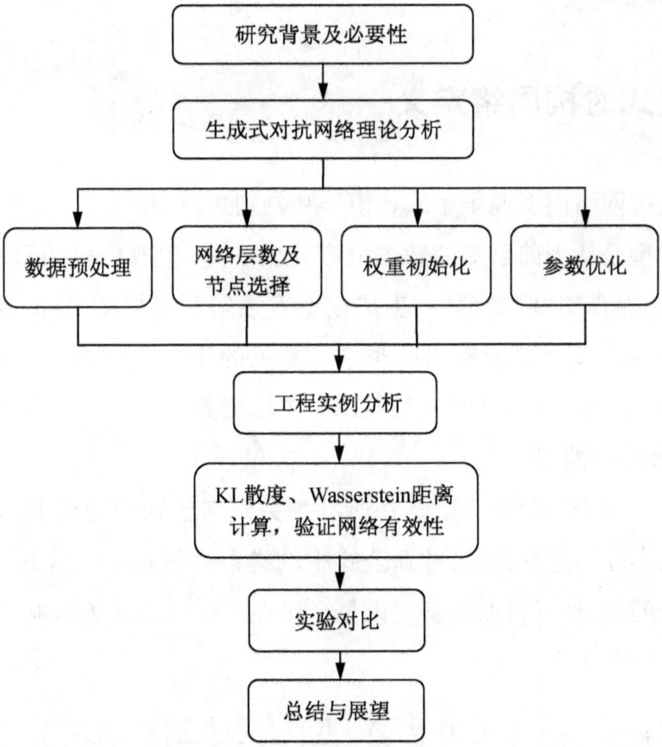

图 1.1　本篇技术线路

第 2 章　生成式对抗网络

随着数据驱动和图模型的发展,生成式对抗网络作为一种数据生成的模型,因其独特的优点受到了越来越多人的研究和使用,本章将从理论上分析生成式对抗网络的原理、基本定义。

2.1　生成式对抗网络定义

生成式对抗网络模型源于生成式模型和判别式模型。

生成式模型是从当前已知的数据分布自动学习,生成更多的服从该数据分布的数据,即制造逼真的“假数据”。生成模型直接对联合概率分布 $f(x,y)$ 进行学习,x 是输入数据,y 是期望输出的类别。常见的生成式模型包括朴素贝叶斯模型、高斯混合模型、深度信念网络、隐马尔科夫模型等。

1. 朴素贝叶斯模型

基于贝叶斯理论的分类决策是在所有相关概率已知的情形下,寻找最优的分类器。而根据实际训练数据,贝叶斯公式中的类条件概率 $f(X \mid K)$ 难以被估计。为了解决这个问题,朴素贝斯模型假设每个属性对分类结果的影响是相互独立的。由此可得:

$$P(K \mid X) = \frac{P(K)P(X \mid K)}{P(X)} = \frac{P(K)}{P(X)}\prod_{i=1}^{m} P(x_i \mid K) \tag{2-1}$$

式中:$P(\cdot)$ 表示概率分布,X 表示训练数据输入变量,x_i 表示 X 第 i 个属性的取值,K 表示类,m 表示训练数据属性的数目。

假设某训练数据集的类标记为 $Y=\{K_1,K_2,\cdots,K_N\}$，对于不同的类来说 $P(x)$ 的值是相同的，根据式(2-1)朴素贝叶斯分类器表达为：

$$D(X)=\underset{K\in Y}{\operatorname{argmax}} P(K)\prod_{i=1}^{m}P(x_i\mid K) \tag{2-2}$$

式中：$P(K)$ 表示类标记的分布，$P(x_i|K)$ 表示具有第 i 个属性的样本在类 K 条件下的概率。

2. 隐马尔科夫模型

隐马尔科夫模型是一个马尔科夫链随机生成观测序列的生成模型，基于齐次马尔科夫性和观测独立性两个基本假设。模型中变量有状态变量和观测变量，状态变量也就是不可被观测的隐变量，用 $\{y_1,y_2,\cdots,y_n\}$ 表示；观测变量用 $\{x_1,x_2,\cdots,x_n\}$ 表示，表示在时刻 t 的观测值。观测变量仅仅取决于状态变量，对于一阶马尔科夫性，状态变量某时刻的取值仅依赖于前一时刻的值。隐马尔科夫模型由初始状态概率矩阵 π 、状态转移概率矩阵 P 以及观测概率矩阵 W 共同决定。假设 $S=\{s_1,s_2,\cdots,s_N\}$ 表示具有 N 个状态的集合，$V=\{v_1,v_2,\cdots,v_M\}$ 表示可能的观测集合，M 为可能的观测数，观测变量 $x_i\in V,i=1,2,\cdots,n$，则模型描述如下。

初始状态概率矩阵：

$$\pi=(\pi_1,\pi_2,\cdots,\pi_N) \tag{2-3}$$

式中：π_i 表示初始状态是 s_i 的概率。

状态转移概率矩阵：

$$P=[p_{ij}]_{N\times N} \tag{2-4}$$

$$p_{ij}=P(y_{t+1}=s_j\mid y_t=s_i),1\leqslant i,j\leqslant N \tag{2-5}$$

式中：p_{ij} 表示在 t 时刻到 $t+1$ 时刻从状态 i 转移到态 $i+1$ 的概率。

观测概率矩阵：

$$W=[w_{ij}]_{N\times M} \tag{2-6}$$

$$w_{ij}=P(x_t=v_j|y_t=s_i),1\leqslant i\leqslant N,1\leqslant j\leqslant M \tag{2-7}$$

式(2-7)表示 t 时刻，在取状态 s_i 的条件下生成观测值 v_j 的概率大小。

隐马尔科夫模型由初始状态概率矩阵、状态转移概率矩阵、观测概率矩阵共同决定系统状态演化，同时状态序列由观测序列反演得到。

3. 高斯混合模型

高斯混合模型是一种基于概率分布形式的生成模型，该模型假设观测数据是由高斯混合模型产生的。观测数据 $x_1,x_2,\cdots,x_N$ 的高斯混合模型概率分布形式如下：

$$f(x \mid \theta) = \sum_{i=1}^{m} \alpha_i \phi(x \mid \theta_i) \tag{2-8}$$

式中：$\phi(x \mid \theta_i)$ 表示高斯分布的密度函数，是混合模型的第 i 个分模型，α_i 是加权系数且满足 $\sum_{i=1}^{m} \alpha_i = 1$ 。模型中需估计的参数 $\theta = (\alpha_1,\alpha_2,\cdots,\alpha_m;\theta_1,\theta_2,\cdots,\theta_m)$ 采用 EM(Expectation Maximum)算法估计。

4. 判别式模型

判别式模型主要作为分类器使用，通过观察数据对其分布作出判断。它从分布的条件概率 $f(y|x)$ 出发进行建模，确定分类边界，即将一个特定的 x 分类到标签 y 的概率。判别式模型包括决策树、支持向量机、神经网络方法等。

(1) 决策树

模型从决策树的根节点开始，对给定示例数据进行特征选择，选取分类特征；不断选取局部的最优特征，递归生成完整的决策树，最后再进行决策树的修剪[68]。

在特征选取中，常采用信息增益最大化原则。假设样本容量为 N 的数据集 $S=\{(x_1,y_1),(x_2,y_2),\cdots,(x_N,y_N)\}$，其中 $x_k=(x_k^1,x_k^2,\cdots,x_k^n)^T$ 表示具有 n 个特征的第 k 个输入示例向量，y_k 属于正整数集 $\{1,2,\cdots,M\}$，表示分类标记，$k=1,2,\cdots,N$。用 A 表示某一特征，则数据集 S 对于 A 的信息增益 $IG(S,A)$ 如下：

$$\begin{aligned} IG(S,A) &= H(S) - H(S(\mid A) \\ &= \left(-\sum_{i=1}^{M} \frac{\mid D_i \mid}{\mid S \mid} \log_2 \frac{\mid D_i \mid}{\mid S \mid}\right) - \sum_{k=1}^{n} \frac{\mid S_k \mid}{\mid S \mid} H(S_k) \end{aligned} \tag{2-9}$$

式中：等号左边表示数据集 S 的信息熵，D_i 表示 S 中属于第 i 类的样本子集，减号右边表示数据集 S 对于特征 A 的条件熵，$H(S_k)$ 表示 S 中特征 A 取第 k 个值的样

本子集 S_k 的信息熵，n 表示特征 A 的取值个数，M 表示类别个数。

(2) 支持向量机

对于二分类问题，支持向量机是很有效的一种方法。其主要思想是将数据集非线性映射到一个高维空间中，使得原本在原输入空间里的线性不可分的数据集变得线性可分[69]。即找到一个“最大间隔”划分超平面，达到数据分类的目的，那么支持向量机实质上就转换为最优化问题。

假设某线性可分的数据集为 $S=\{(x_1,y_1),(x_2,y_2),\cdots(x_N,y_N)\}$，$x_k\in R^n$，$y_k\in\{-1,1\}$，$k\in\{1,2,\cdots,N\}$。则支持向量机的基本模型为：

$$\begin{gathered}\min_{a,b}\frac{1}{2}\parallel a\parallel^2\\ \text{s.t.}\quad y_k(a^T\cdot x_k+b)-1\geqslant 0\end{gathered}\tag{2-10}$$

式中：a 表示法向量，b 表示偏置项，两者共同确定超平面。

对上式约束引入拉格朗日乘子，则问题转为二次规划对偶问题：

$$\min\frac{1}{2}\sum_{i=1}^{N}\sum_{j=1}^{N}\xi_i\xi_j y_i y_j(x_i\cdot x_j)-\sum_{i=1}^{N}\xi_i$$

$$\text{s.t.}\begin{cases}\sum\limits_{i=1}^{N}\xi_i y_i=0\\ \xi_i\geqslant 0,i=1,2,\cdots,N\end{cases}\tag{2-11}$$

通过求解上述对偶问题的最优解 ξ^*，就可以求解出最优值 (a^*,b^*)，即可得到分类超平面。

上述为线性可分问题，而在实际问题中，大多数原始训练数据是线性不可分的，需要将其映射到更高维的空间才可以解决问题。此时需要使用核技巧将目标函数的内积 $x_i\cdot x_j$ 换成核函数 $\kappa(x_i,x_j)=\varphi(x_i)\cdot\varphi(x_j)$ [68]。几种常用的核函数为[70]：

线性核函数：$\kappa(x_i,x_j)=x_i^T\cdot x_j$；

多项核函数：$\kappa(x_i,x_j)=(x_i^T\cdot x_j)^d$，$d$ 表示多项式的次数；

高斯核函数：$\kappa(x_i,x_j)=e^{-\frac{\parallel x_i-x_j\parallel^2}{2\sigma^2}}$，$\sigma$ 大于 0，表示高斯核函数的带宽。

(3) 神经网络

神经网络模型源自于生物学上的神经元信息传播过程,神经元是其基本组成结构,多个神经元按层次连接构成网络模型。模型中,神经元接受来自其他神经元通过带权重的连接传递而来的输入信号,将其总输入值与阈值比较,然后做出输出的判断[70]。

感知机是由两层神经元组成的最简单的神经网络模型,是一种可用于线性分类的判别式模型。其模型可表述为:

$$Y = f(aX + b) \tag{2-12}$$

式中:a 表示层与层之间的连接权重,b 表示输出层的偏置。

同样的,由于大多数现实任务的非线性可分性,人们一般采用多层感知机模型(也就是通常说的神经网络模型)来处理非线性问题。

然而,上述生成模型和判别模型都存在一定的不足。从数据分布角度来看,判别模型对数据分布的假设要求不强,这使得该模型最大的优点就是鲁棒性很好,即在模型与数据分布假设不相符的情况下,其判别效果也会比较好。而生成模型虽然对数据量的需求比较小,但是对数据分布的假设要求很强,这导致即使模型与数据分布假设稍有不符,其生成效果也会比较差,也就是生成模型鲁棒性较差。且生成式模型在使用时存在两个困难,需要大量先验知识以及庞大的计算量[71]。由于上述原因,在实际应用中生成式模型的发展远远滞后于判别式模型。

针对上述问题,研究者提出了将两者结合,取长补短得到了一个更优的模型,这就是现在的生成式对抗网络。生成式对抗网络(GANs)的灵感源自于博弈论中的零和博弈思想。在网络中设置两个子模型,分别为生成器(记为 G)和判别器(记为 D)。生成器的目的是从真实数据中学习从而生成数据;而判别器实质上是一个二分类器,其目的则是判别出输入的数据是真实数据还是生成数据,两个网络以此形成博弈状态。

生成器生成数据,并将其与真实数据一起输入到判别器,而判别器很轻易地就可以判别“假数据”,此时判别器的性能远远优于生成器的性能;得到反馈信息的生成器优化自身,从隐藏的真实数据信息中学习再次生成数据,优化后的生成数据再次与真实数据一起输入到判别器，判别器也需要优化自身，再次进行真假数据的判别并将信息再反馈至生成器；依次轮流循环训练，直至生成器生成足够真的数据使得判别器难以判别，则训练停止。在训练的过程中，生成器与判别器都在各自不断优化，提高自身的网络性能以产生更好的结果，这个优化过程实质上是对网络权值的不断调整，最终的平衡也就是权值调整到最优值。

2.2　模型结构

原始 GAN 的生成器和判别器的结构都为多层感知机。生成式对抗网络结构图如图 2.1 所示。图中，来自随机噪声分布 $f_z(z)$ 的数据用 Z 表示，生成器 G 生成的数据用 $G(z)$ 表示，来自真实样本分布 $f_{data}(x)$ 的数据用 x 表示，判别器 D 输出的判别结果用 $D(\cdot)$ 表示，它实际上是一个概率。

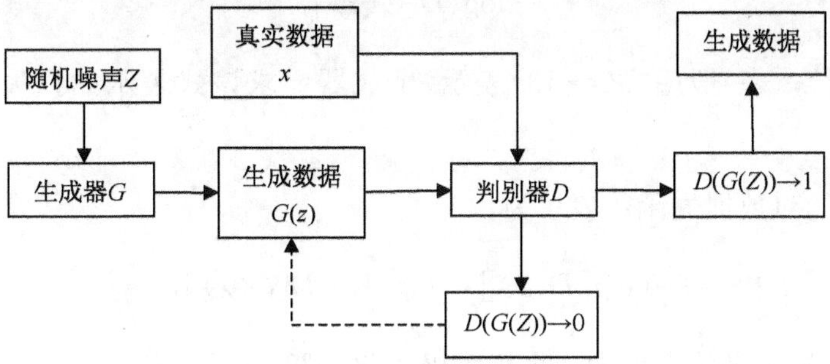

图 2.1　生成式对抗网络结构图

2.3　训练方法

生成式对抗网络的训练是生成器与判别器分别单独轮流训练的。首先，固定生成器 G，最大化值函数 $V(G,D)$，完成对判别器 D 的训练。然后，固定判别器 D，生成器从噪声分布 $f_z(z)$ 中学习，生成分布表示为 $G(z)$ 的数据，这个过程实际上可以被看成是一个映射过程，生成器将噪声 z 映射成为数据。之后，生成数据

$G(z)$ 与真实数据 x 共同输入到判别器进行数据真伪的判别，判别器的输出结果是一个概率，$D(\cdot)=1$ 表示真实样本数据的输出概率，$D(\cdot)=0$ 表示输出为假数据的概率。在此过程中，生成器的目的是通过不断的循环迭代生成让判别器难以区分真伪的数据，也就是使得 $D[G(z)]=1$；而判别器的目的是尽最大可能地将真实样本数据与生成的假样本数据区分开，也就是使得 $D(x)=1$ 而 $D[G(z)]=0$。以此循环，直至训练获得理想的数据。

用对数损失函数表示生成式对抗网络的目标函数，表示如式(2-13)至式(2-15)所示。

生成器的对数损失函数表示为：

$$\log\{1-D[G(z)]\} \tag{2-13}$$

或者表示为：

$$-\log\{D[G(z)]\} \tag{2-14}$$

为表述统一，一般用式(2-13)表示，生成器要求该式表示的损失函数达到最小。

判别器的对数损失函数表示为：

$$-(\log[D(x)]+\log\{1-D[G(z)]\}) \tag{2-15}$$

于是，目标数函数表示为一个极大极小化问题：

$$\min_G \max_D V(G,D)=E_{x\sim f_{data}(x)}\{\log[D(x)]\}+E_{z\sim f_z(z)}(\log\{1-D[G(z)]\}) \tag{2-16}$$

式中：$f_{data}(x)$ 表示真实数据概率分布，$f_z(z)$ 表示噪声数据概率分布，$D(x)$ 表示判别器输出真实样本的概率，$D[G(z)]$ 表示判别器输出生成样本的概率。

2.4 解的存在性和收敛性

生成式对抗网络存在全局最优解，目标函数如式(2-17)所示：

$$V(G,D)=\int_x f_{data}(x)\log[D(x)]\mathrm{d}x+\int_z f_z(z)\log\{1-D[G(z)]\}\mathrm{d}z \tag{2-17}$$

根据测度论中的 Radon-Nikodym 定理，有：

$$E_{z\sim f_z(z)}(\log\{1-D[G(z)]\})=E_{x\sim f_G(x)}\{\log[1-D(x)]\} \tag{2-18}$$

于是

$$\begin{aligned}V(G,D)&=\int_x f_{data}(x)\log[D(x)]\mathrm{d}x+\int_z f_z(z)\log\{1-D[G(z)]\}\mathrm{d}z\\&=\int_x f_{data}(x)\log[D(x)]\mathrm{d}x+\int_x f_G(x)\log[1-D(x)]\mathrm{d}x\\&=\int_x\{f_{data}(x)\log[D(x)]+f_G(x)\log[1-D(x)]\}\mathrm{d}x\end{aligned} \tag{2-19}$$

式中：$f_{data}(x)$ 表示真实样本的概率分布，$f_G(x)$ 表示由生成器生成的样本的概率分布。

式(2-19)中 $f_{data}(x)$ 和 $f_G(x)$ 可看成常量且不为零，由此在数学上该式在式(2-20)处取得最大值，D^* 就是最优判别器。

$$D^*(x)=\frac{f_{data}(x)}{f_{data}(x)+f_G(x)} \tag{2-20}$$

当且仅当真实数据概率分布与生成数据样本分布相等，即 $f_{data}(x)=f_G(x)$ 时，判别器难以分清真实样本数据和生成样本数据。

将式(2-20)代入式(2-17)，求解最优生成器 G^*。

一方面，$f_{data}(x)=f_G(x)$时 $D^*(x)=\frac{1}{2}$，有：

$$E_{x\sim f_{data}(x)}(-\log 2)+E_{x\sim f_G(x)}(-\log 2)=-\log 4 \tag{2-21}$$

另一方面，

$$\begin{aligned}\max V(G,D)&=V(G,D^*)\\&=E_{x\sim f_{data}(x)}\left[\log\frac{f_{data}(x)}{f_{data}(x)+f_G(x)}\right]\\&\quad+E_{x\sim f_G(x)}\left[\log\frac{f_G(x)}{f_{data}(x)+f_G(x)}\right]\end{aligned}$$

$$=-\log 4+E_{x\sim f_{data}(x)}\left[\log\frac{f_{data}(x)}{f_{data}(x)+f_G(x)}\right]+E_{x\sim f_{data}(x)}(\log 2)$$
$$+E_{x\sim f_G(x)}\left[\log\frac{f_G(x)}{f_{data}(x)+f_G(x)}\right]+E_{x\sim f_G(x)}(\log 2) \quad (2\text{-}22)$$

式中：

$$E_{x\sim f_{data}(x)}\left[\log\frac{f_{data}(x)}{f_{data}(x)+f_G(x)}\right]+E_{x\sim f_{data}(x)}(\log 2)$$
$$=\int_x\left[f_{data}(x)\cdot\log\frac{f_{data}(x)}{f_{data}(x)+f_G(x)}+f_{data}(x)\cdot\log 2\right]\mathrm{d}x$$
$$=\int_x\left[f_{data}(x)\cdot\log\frac{f_{data}(x)}{f_{data}(x)+f_G(x)}+f_{data}(x)\cdot\log 2\right]\mathrm{d}x$$
$$=\int_x\left[f_{data}(x)\cdot\log\frac{f_{data}(x)}{\frac{f_{data}(x)+f_G(x)}{2}}\right]\mathrm{d}x \quad (2\text{-}23)$$

类似的，

$$E_{x\sim f_G(x)}[\log\frac{f_G(x)}{f_{data}(x)+f_G(x)}]+E_{x\sim f_G(x)}(\log 2)$$
$$=\int_x f_G(x)\cdot\log\frac{f_G(x)}{\frac{f_{data}(x)+f_G(x)}{2}}\mathrm{d}x \quad (2\text{-}24)$$

根据 KL 散度的定义，则：

$$\max V(G,D)=V(G,D^*)$$
$$=-\log 4+D_{KL}\left[f_{data}(x)\parallel\frac{f_{data}(x)+f_G(x)}{2}\right]$$
$$+D_{KL}\left[f_G(x)\parallel\frac{f_{data}(x)+f_G(x)}{2}\right] \quad (2\text{-}25)$$

再根据 KL 散度与 JS 散度之间的关系，式(2-25)表示为

$$\max V(G,D)=V(G,D^*)$$
$$=-\log(4)+2D_{JS}[f_{data}(x)\parallel f_G(x)] \quad (2\text{-}26)$$

由 JS 散度的性质可知，当 $f_{data}(x)=f_G(x)$ 时式(2-27)存在最小值 $-\log 4$ 。

由此可知，生成式对抗网络当且仅当生成数据分布等于真实样本数据即 $f_{data}(x)=f_G(x)$ 时，可取得全局最优解。当生成器(G)和判别器(D)有足够的学习能力时，通过最优化目标函数式(2-16)，f_G 将收敛于 f_{data} 。

第3章 模型建立与平台软件选择

模型建立包括模型结构设计及参数获取。前者包括生成器和判别器本身的网络结构及其之间的连接;后者如果生成器和判别器均采用感知机,那么生成式对抗网络训练就转化为感知机训练过程。本章将对模型结构设计及网络训练的过程进行详细分析,同时对应用软件选择进行研究。

3.1 模型建立

3.1.1 网络层数与节点的选择

如生成器与判别器采用感知机结构,网络结构的合理设置也就是网络层数的设置以及各层节点个数(主要是隐含层节点数)的选择[72]。

一般情况下,对多层感知机增加隐含层的层数可以有效降低网络的训练误差,但同时也增加了网络的训练复杂度[72]。根据 Kolmogorov 定理以及实践证明,网络结构设置三到五层就已经能够很好地满足实际需求了[73]。考虑到本篇训练样本的复杂度不大,因此生成器网络结构和判别器网络结构选择简单的三层网络,只设置一个隐含层。

确定了网络层数后,下一步就是确定网络各层的节点数。根据前人研究,节点个数必须满足两个条件:第一,对于输入层和隐含层,其节点数必须小于训练样本数减去1,否则会导致网络无泛化能力,网络训练没有实际效果;第二,若要得到可靠的网络模型,网络的训练样本数必须要远大于网络连接权的数量。输入层一般以输出的影响因子数作为其节点数。相对于输入层节点的选择，隐层节点数的选择就比较复杂。如果隐层节点数过少，网络的训练性能就会很差；如果隐层节点数太多，会增加网络的训练复杂度或是局部最优难以得到最优解。因此，应在综合考虑网络计算的复杂度和训练效果的情况下确定隐层节点数。一般可初步采用经验公式确定隐层节点数。

对于三层网络，Kolmogorov 定理最先给出了较优隐含层节点数与输入层节点数之间的关系：

$$N_{hide} = 2N_{input} + 1 \tag{3-1}$$

式中：N_{input} 表示输入层的节点数。

高大启认为隐层节点数与输入层节点数和输出层节点数的比例中项属于同一个数量级[74]，因此通过实验模拟也给出了一个三层网络隐层节点数的经验公式：

$$N_{hide} = \sqrt{N_{input}(N_{output} + 2)} + 1 \tag{3-2}$$

式中：N_{input} 表示输入层的节点数，N_{output} 表示输出层的节点数。

刘耦耕等给出三层网络的隐含层节点个数计算公式[73]：

$$N_{hide} = \text{int}\left[\frac{N_{output}(k-1)}{N_{input} + N_{output} + 1}\right] \tag{3-3}$$

式中：N_{input} 表示输入层的节点数，N_{output} 表示输出层的节点数，k 表示样本数。

本篇采用经验公式的方法初步确定隐含层节点数，再结合训练结果进行判断优化。

3.1.2 激活函数

一个网络中如果没有激活函数，那么它输出的仅仅就是简单的线性函数，线性函数对于数据的学习能力是十分有限的。而激活函数的作用就是在网络中加入非线性的因素，能够解决线性模型表达能力不足的问题[75]。隐层与输出层的激活函数的选择直接影响到网络训练结果的好坏。常用的激活函数有 Sigmoid 函数、tanh 函数、ReLU 函数、Swish 函数和 softmax 函数等，各激活函数的适用条件以及各自优缺点如表 3.1 所示。

表 3.1　常用激活函数对比分析

函数名称	函数特征	优缺点
Sigmoid	输出为(0,1)的开区间，中间斜率比较大的地方是神经元的敏感区，在两边斜率很平缓的地方是神经元的抑制区	适合用于前向传播网络；容易抑制误差的传播指数运算，计算速度慢
tanh	双曲正切曲线，输出为(0,1)的开区间，以 0 为中心	输入数据特征相差较大时效果会很好；输出以 0 为中心，故比 Sigmoid 更优
ReLU	分段线性函数，输入为负值时输出为 0，输入为正值时输出保持不变	线性关系，计算速度快。输入为正数时不存在饱和问题；但当输入是负数的时候，输出为 0，输入数据出现特征丢失问题
Swish	有下界但是无上界，平滑；一阶导数、二阶导数也平滑	在 40 层以上的全连接上要远远优于其他激活函数，但是在 40 层之内的全连接上的性能差别不明显
softmax	将所有输入数据映射在(0,1)上的区间，输出的累加和为 1	是 Sigmoid 函数的推广，一般用于多分类问题
maxout	在前向网络中，输出为所在层的最大值	具有很强的拟合性，可以拟合任意的凸函数

下面给出几个常用激活函数的数学形式[75]：

Sigmoid 函数：$f(x)=\dfrac{1}{1+\mathrm{e}^{-x}}$。

tanh 函数：$f(x)=\dfrac{\mathrm{e}^{x}-\mathrm{e}^{-x}}{\mathrm{e}^{x}+\mathrm{e}^{-x}}$。

ReLU 函数：$f(x)=\max(0,x)$。

Swish 函数：$f(x)=x\cdot\mathrm{sigmoid}(\beta x)$，其中 β 是 x 的缩放参数，一般取 1。

综合分析可知，Sigmoid 函数具有在前向传播网络中良好的性能的优点，且能抑制误差传播，为大多数应用场合采用，因此本章生成器和判别器的隐含层和输出层的激活函数都采用 Sigmoid 函数。在 Python 通过 TensorFlow 自带的 Sigmoid 函数实现，使用方便。

3.1.3　权值初始化

任何一个网络创建之后都需要对其权重进行初始化，且初始化方法的不同会影响网络的收敛性能[76]。常用的初始化方法有三种：正态分布初始化、Xavier 初始化方法以及 MSRA 初始化。

1. 正态分布初始化

正态分布初始化是常用的一种初始化方法，假设权重和偏置都是服从均值为 0、方差为 1 的正态分布。但是这种方法存在一些问题，如果初始化的方差过小，会使得网络的输入在前向传播的过程中层层减小，网络权重更新越来越慢，网络学习速度也越来越慢；同样的，如果初始化的方差过大，网络就容易出现饱和状况，导致输出的误差对权重更新的影响越来越小，网络的学习速度也越来越缓慢。

2. Xavier 初始化

为了解决正态分布初始化带来的问题以提高网络的收敛速度，Xavier Glorot 等[77]在 2010 年提出了 Xavier 初始化方法，并通过实例验证了该方法的有效性。该方法的思想简单，就是使网络每层输出权值和输入权值尽可能地服从同一分布以消除梯度逐渐消失的问题。

Xavier 初始化假设网络中每层的激活函数为近似线性函数，那么第 k 层的输出为：

$$y = \sum_{i=1}^{N_{k-1}} \omega_i x_i \tag{3-4}$$

式中：x_i、ω_i 以及 N_{k-1} 分别表示第 $k-1$ 层的输出、权重以及节点数。

若假设第 k 层的输入和权重均值都为 0、第 $k-1$ 层各输出的方差一致，则推导可得：

$$\mathrm{Var}(y) = N_{k-1}\mathrm{Var}(\omega_i)\mathrm{Var}(x_i) \tag{3-5}$$

若要保证第 k 层输出方差与第 $k-1$ 层一致，那么必须有 $N_{k-1}\mathrm{Var}(\omega_i)=1$。类似的，在反向传播时，有 $N_k\mathrm{Var}(\omega_i)=1$。Xavier Glorot 等考虑到网络每层的输入与输出数量是不同的，也就是节点数不同，对上述结果取平均，得：

$$\mathrm{Var}(\omega_i) = \frac{2}{N_{k-1} + N_k} \tag{3-6}$$

式(3-6)即为 Xavier 初始化权值的方差。

最终,Xavier 初始化实现权重满足下述均匀分布：

$$\omega_i \sim U\left(-\frac{\sqrt{6}}{\sqrt{N_{i-1}+N_i}}, \frac{\sqrt{6}}{\sqrt{N_{i-1}+N_i}}\right) \tag{3-7}$$

3. MSRA 初始化

Xavier 初始化方法有激活函数为线性的假设,ReLU 激活函数有对于负数置为 0 导致数据特征丢失的缺陷,为此,何恺明等在 2015 年提出了一种针对 ReLU 激活函数的 MSRA 初始化方法[78],也称为 He 初始化。如式(3-8)所示。

$$f(x_i) = \begin{cases} x_i & x_i > 0 \\ a_i x_i & x_i \leqslant 0 \end{cases} \tag{3-8}$$

式中：a_i 的值通常设的比较小。

其推导思想与 Xavier 初始化类似,最终采用式(3-9)的初始化形式。

$$\omega_i \sim N\left(0, \sqrt{\frac{2}{N_i}}\right) \tag{3-9}$$

研究表明,在网络层数增加时(特别是增加到 33 层时)MSRA 初始化的效果明显优于 Xavier 初始化。

总之,应针对具体网络设置,通过比较网络训练的时间复杂度等选择合适的初始化方式。本书由于模型结构简单,采用正态分析和 Xavier 初始化方法。

3.1.4 损失函数的选择

在机器学习中,模型参数的获取是通过对目标函数的最大化或者最小化实观的,常见情况是对损失函数进行最小化。此时损失函数是一个非负实数函数,用于衡量学习模型输出结果与真实结果之间的不一致情况以指导网络的收敛方向。通常,损失函数越小,网络的性能越好。

影响损失函数选择的因素包括网络学习的目标、网络选择的算法、损失函数导数是否容易找到、对网络收敛时间的要求等。根据网络学习目的的不同，可将常用损失函数分为两类：均值平方差和交叉熵[75]。

均值平方差(MSE)即均方误差常被作为回归预测的损失函数的选择。该方法取自于数理统计的均方误差的计算，即对预测值和真实值之差取期望，表达式如式(3-10)所示。

$$loss_{\mathrm{MSE}}=\frac{1}{N}\sum_{i=1}^{N}\left(x_i-x_i'\right)^2 \tag{3-10}$$

式中：N 表示样本量，x_i，x_i' 分别表示第 i 样本的真实值和预测值。

常见的用于分类问题的损失函数如图 3.1 所示，其中交叉熵损失是最为典型、被使用最多的一种方法。交叉熵损失函数表示预测的输入样本属于某一类的概率，其值越小表示网络训练结果越好。

$$loss_{cross}=-\frac{1}{N}\sum_{x}\left[y\ln y'+(1-y)\ln(1-y')\right] \tag{3-11}$$

式中：N 表示样本量，y，y' 分别表示样本 x 真实值的分类和预测值的分类，取值为 0 或 1。

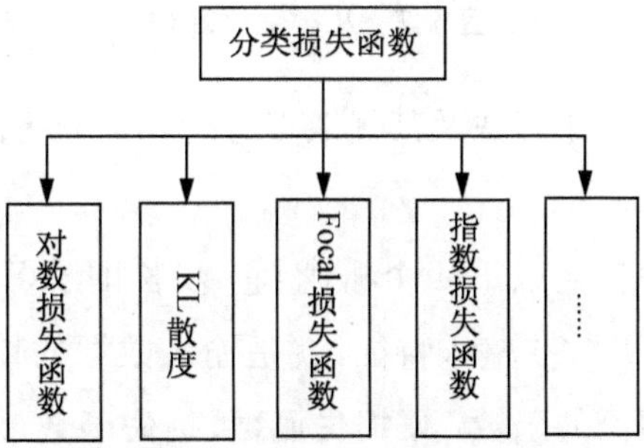

图 3.1　几种分类损失函数

本书生成器和判别器的损失函数选择对数损失函数。

需要注意的是，不论是使用基于均值平方差的回归损失函数还是基于交叉熵的分类损失函数，网络学习后得到的预测值与真实值都要保证在相同的分布范围内。这样网络的损失计算才会有较好的结果，特别是对于回归损失函数，以 Sigmoid 激活函数为例来理解。如果网络输出层经过 Sigmoid 激活函数，根据其函数性质，网络的预测输出结果将会分布在 0 和 1 之间，那么最初的输入数据就必须首先要归一化在 0 和 1 之间，再输入网络进行训练。

3.1.5 参数优化方法

为了加快网络的收敛速度，得到一个更好的损失函数值，常在网络的训练中加入优化算法。在深度学习中，优化算法主要有 3 类，如图 3.2 所示。

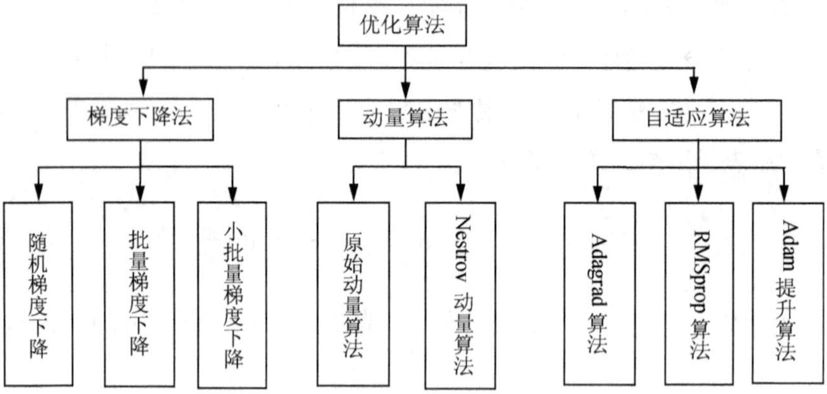

图 3.2 几类优化算法

下面对几种常见的优化算法及其优缺点进行详细分析。

1. 小批量梯度下降

在梯度下降算法中包括以下 4 个概念：① 步长即学习率，它决定了在梯度下降过程中每次前进的长度；② 输入特征，就是输入数据的特征；③ 假设函数，为了拟合输入样本数据而假设的函数；④ 损失函数，损失函数最小，即参数最优。梯度下降算法包括 3 种，随机梯度下降算法每次只对一个样本数据进行迭代，虽然训练速度比较快但会因为只用一个样本决定梯度下降的方向而导致难以得到全局最优解。而批量梯度下降则会因为一次投入所有样本数据导致训练速度缓慢。结合两者优缺点，小批量梯度下降算法被提出[75]，现在常说的随机梯度下降一般默认指的是小批量随机梯度下降。

小批量梯度下降算法将所有训练样本分成若干批（不等份），按批训练更新参数，每批的样本共同决定梯度下降的方向，然后计算所有批的均值作为下降方向。假设有 N 个训练样本，每次从训练样本中随机选择 M 个样本（$M<N$）进行学习，参数按公式(3-12)更新[79]。

$$\theta=\theta-\eta\cdot\nabla_\theta J[\theta;x^{(i:i+M)};y^{(i:i+M)}] \tag{3-12}$$

式中：η 为学习率，$x^{(i:i+M)}$、$y^{(i:i+M)}$ 分别表示从 i 到 $i+M$ 这一批的样本数据和对应的标签。

小批量梯度下降算法[79,80]具体表示如下：

开始

初始化：初始化学习率 η、参数 θ

训练：对 N 个训练样本分成 m 批，并计算每批梯度 $\nabla_\theta J[\theta;x^{(i:i+m)};y^{(i:i+m)}]$

m 批样本的平均梯度为 $g=\frac{1}{m}\sum_{j=1}^{m}\nabla_\theta J[\theta;x^{(i:i+M)};y^{(i:i+M)}]^{(j)}$

参数更新 $\theta\leftarrow\theta-\eta g$

结束

---

2. 原始动量算法

针对随机梯度下降算法训练过程缓慢问题，研究人员提出了动量算法以减小随机梯度在局部最优点附近震荡，从而提高网络的收敛速度[81]。动量算法通过加入一个累积过去时间步长的更新向量的动量来代替梯度以更新参数，参数更新规则如式(3-13)所示[79]。

$$\begin{cases}v_t=\mu v_{t-1}+\eta\nabla_\theta J(\theta)\\\theta=\theta-v_t\end{cases} \tag{3-13}$$

式中：μ 表示动量系数，v_t 表示代替梯度的动量，η 为学习率。

原始动量算法[81]具体算法步骤如下：

开始

初始化：学习率 η、动量系数 μ

训练：对 N 个训练样本分成 m 批，计算梯度估计为 $g=\frac{1}{m}\sum_{j=1}^{m}\nabla_{\theta}J[\theta;x^{(i:i+M)};y^{(i:i+M)}]^{(j)}$

速度更新为 $v\leftarrow\mu v-\eta g$

参数更新 $\theta\leftarrow\theta+v$

结束

动量系数 μ 通常取 0.9 附近的值，它表示历史梯度所占的比重，其值越大表示当前梯度方法受历史梯度的影响越大。动量算法能够加快网络的收敛速度，但是参数会盲目地选择梯度的方向进行更新，学习率 η 难以得到一个较好的值。因此，Nesterov 提出了 Nesterov 动量算法，在损失函数中减去动量以预估下一个参数所在的位置，控制梯度下降的速度[82]。

3. AdaGrad 算法

与上述两种算法一样，AdaGrad 也是一种基于梯度的优化算法，该方法可以使学习速率自动适应参数，能够对频繁的更新或者较小的更新执行更大的更新参数。因此，它很适合处理稀疏数据。AdaGrad 算法实质上就是对学习率进行了约束，参数更新[79]表达如式(3-14)所示。

$$\begin{cases}n_t=n_{t-1}+g_t^2\\ \theta_{t+1}=\theta_t-\dfrac{\eta}{\sqrt{n_t+\zeta}}*g_t\end{cases}\tag{3-14}$$

式中：η 为学习率，n_t 表示所有梯度历史平均值总和，ζ 为了保证分母不为 0。

AdaGrad 算法[81]具体算法步骤如下：

开始

初始化：常数 ζ 设置为一个很小的数，10^{-7}；梯度累积 n_t 为 0；学习率 η、参数 θ

训练：将 N 个训练样本分成 m 批，计算平均梯度为 $g=\frac{1}{m}\sum_{j=1}^{m}\nabla_{\theta}J(\theta;x^{(i:i+M)};y^{(i:i+M)})^{(j)}$

所有梯度历史平均值总和 $n_t\leftarrow n_{t-1}+g_t^2$

更新量 $\Delta\theta_t \leftarrow -\frac{\eta}{\sqrt{n_t+\zeta}} * g_t$

参数更新 $\theta_t \leftarrow \theta_{t-1} + \Delta\theta_t$

结束

AdaGrad 算法的好处之一是它不需要手动调整学习率，大多数时候使用默认值 0.01 并保留它。根据式(3-12)可知，它在分母中积累了平方梯度，由于每次累加都是正数，因此分母在训练期间不断增长。这导致学习率随着训练时间的增加逐渐减小并最终变得无限小，使得算法不再能够获得额外的知识。

4. Adam 提升算法

自适应矩估计算法（Adam 提升算法）是另一种学习速率自动适应参数的方法，它通过计算梯度的一阶矩估计和二阶矩估计为不同的参数设计独立的自适应性学习率[83]，参数更新公式如式(3-15)[79]所示。

$$\theta_{t+1} = \theta_t - \frac{\eta}{\sqrt{\hat{v}_t}+\zeta}\hat{m}_t \tag{3-15}$$

式(3-15)中，

$$\begin{cases} \hat{m}_t = \dfrac{m_t}{1-\beta_1^t} \\ \hat{v}_t = \dfrac{v_t}{1-\beta_2^t} \end{cases} \tag{3-16}$$

$$\begin{cases} m_t = \beta_1 m_{t-1} + (1-\beta_1) g_t \\ v_t = \beta_2 v_{t-1} + (1-\beta_2) g_t^2 \end{cases} \tag{3-17}$$

式(3-17)中，m_t、v_t 分别表示指数移动均值（梯度的一阶矩估计）和平均梯度（梯度的二阶矩估计），$\hat{m}_t$、$\hat{v}_t$ 分别是对 m_t、v_t 的修正，β_1、β_2 是控制指数衰减的常数，默认值分别为 0.9、0.999。

Adam 提升算法[81,83]具体算法表示如下：

开始

初始化：常数 ζ 设置为一个很小的数，默认为 10^{-8}；β_1、$\beta_2 \in [0,1)$，m、v 初始化为

0,时间步初始化为 0。

训练：将 N 个训练样本分成 m 批，计算平均梯度为 $g=\frac{1}{m}\sum_{j=1}^{m}\nabla_{\theta}J(\theta;x^{(i:i+M)};y^{(i:i+M)})^{(j)}$

有偏的一阶矩估计更新 $m_t \leftarrow \beta_1 m_{t-1}+(1-\beta_1)g_t$

有偏的二阶矩估计更新 $v_t \leftarrow \beta_2 v_{t-1}+(1-\beta_2)g_t^2$

修正一阶矩估计更新 $\hat{m}_t=\frac{m_t}{1-\beta_1^t}$

修正二阶矩估计更新 $\hat{v}_t=\frac{v_t}{1-\beta_2^t}$

更新量 $\Delta\theta_t \leftarrow -\frac{\eta}{\sqrt{\hat{v}_t}+\zeta}\hat{m}_t$

参数更新 $\theta_t \leftarrow \theta_{t-1}+\Delta\theta_t$

结束

Adam 提升算法具有很显著的优势，实现比较简单，收敛速度快。超参数相较于其他几种算法具有很好的解释性，能够很自然地实现学习率的自动调整，适用于数据量较大的情况等，因此成为目前最主流的优化算法。

考虑到本篇工程实例的数据量不大，为了避免一次性喂入数据导致网络收敛慢以及单个喂入数据导致优化效果不好，参数的优化采用小批量随机梯度优化法。

3.1.6 网络训练的时间复杂度

网络的复杂度也是评价一个网络结果好坏的准则，一般包括 3 个部分：网络训练所需的时间、网络训练所需的存储空间以及所采用的算法是否容易被理解、编程、调试等[84]。

时间复杂度是指网络从训练开始到训练结束所消耗的时间，它与输入数据量、输入数据的特性、计算机硬件等有关，因此很难得到一个精准的复杂度的值，所以在计算时通常忽略计算机硬件等因素的影响并假设每次训练的环境相同[85]。时间复杂度的计算包括对连接层的计算和激活函数的计算，但是实际中通常不计算激活函数的复杂度，因为它们只占总时间的一小部分[86]。下面不考虑激活函数，采用衡量模型训练速度的一种常用方法——MACCs(乘加操作,实质就是点积运算)来计算时间复杂度。

以三层网络为例,假设所有的输入规模为 n,用 $T(n)$ 表示时间复杂度,那么 $T(n)=O(f(n))$,也就是 $T(n)$ 与 $f(n)$ 是同数量阶的,$f(n)$ 用于表示网络各节点的一个运算。输入层节点数为 n_{in},隐含层节点数为 n_{hide},输出层节点数为 n_{out},训练样本数目为 m。那么时间复杂度计算如下[87]:

当输入一个样本时,时间复杂度 $T(n)=O(n_{in}*n_{hide}+n_{hide}*n_{out})=O(n_{hide})$;

当输入全部 m 个样本时,时间复杂度 $T(n)=O(m*n_{hide})$。

虽然上述 $T(n)=O(m*n_{hide})$ 公式给出了关于时间复杂度的计算,实际上它只是一个概念上的意义,并没有实际计算值。通常,一个网络的时间复杂度以实际训练时间来衡量,本篇就采用这种方法衡量网络训练的时间复杂度。

3.1.7 分布间相似性度量

信息熵是一种用于描述随机变量的分布状况的统计量,它由著名统计学家香侬提出。为了检验本篇所采用的网络的有效性,将采用 3 种基于信息熵的距离公式。假设,在数据 $X=(x_1,x_2,\cdots,x_k)$ 上的给定的数据分布 $P=(p_1,p_2,\cdots,p_k)$,$Q=(q_1,q_2,\cdots,q_k)$。

1. KL 散度

KL 散度是一种用于研究两个概率分布函数间差异性的度量公式,定义公式如式(3-18)所示。

分布 P 的信息熵为:

$$H(P)=-\sum p_i \log p_i \tag{3-18}$$

分布 P 和 Q 的交叉熵为:

$$H(P,Q)=-\sum p_i \log q_i \tag{3-19}$$

那么,分布 P 和 Q 之间的 KL 散度定义为[88]:

$$D_{KL}(P\parallel Q)=H(P,Q)-H(P) \tag{3-20}$$

即，

$$D_{KL}(P \parallel Q) = -\sum p_i \log q_i + \sum p_i \log p_i$$
$$= \sum p_i \log \frac{p_i}{q_i} \tag{3-21}$$

因为对数函数为上凸函数，且 $\sum p_i = 1, \sum q_i = 1$ 。对式(3-21)进行放缩，有：

$$D_{KL}(P \parallel Q) = \sum p_i \log \frac{p_i}{q_i}$$
$$= E(\log \frac{P}{Q}) = -E\left(\log \frac{P}{Q}\right)$$
$$\geqslant -\log\left(\sum p_i \frac{q_i}{p_i}\right) = -\log(\sum q_i) = 0 \tag{3-22}$$

根据式(3-22)可知，KL 散度具有非负性，而当 $D_{KL}(P \parallel Q) = 0$ ，有分布 P 和 Q 是相等的，则当 KL 散度越小(接近 0)表示分布 P 和 Q 之间的差异越小。

2. JS 散度

KL 散度虽然作为距离度量在使用，但是它并不满足距离的对称性性质，因此人们提出了 JS 散度。JS 散度是基于 KL 散度的，将 KL 散度改进公式，对调后再将其相加[89]即可得到具有对称性质的 JS 散度。

首先，根据 KL 散度公式取：

$$I(P,Q) = \sum p_i \log \frac{p_i}{\frac{1}{2}p_i + \frac{1}{2}q_i} \tag{3-23}$$

再将式(3-23)中 Q 和 P 对调：

$$I(Q,P) = \sum q_i \log \frac{q_i}{\frac{1}{2}p_i + \frac{1}{2}q_i} \tag{3-24}$$

则，JS 散度定义为式(3-23)和式(3-24)的和，再化简后得到 JS 散度：

$$D_{JS}(P \parallel Q) = \frac{1}{2}D_{KL}\left(P \parallel \frac{P+Q}{2}\right) + \frac{1}{2}D_{KL}\left(Q \parallel \frac{P+Q}{2}\right) \tag{3-25}$$

JS 散度具有非负性、对称性以及有界性[90]。JS 散度的值在[0,1]之间，当分布 P 与 Q 完全一致时，JS 的值为 0；当分布 P 与 Q 完全不相同时，JS 的值为 1。

3. Wasserstein 距离

采用 KL 散度或者 JS 散度进行分布间相似性度的时候存在一个问题，当分布 P 和 Q 之间完全不相同时，KL 散度的值是没有意义的；而 JS 散度值是一个固定不变的常量，即不随着距离的变化而改变。基于此，人们提出了 Wasserstein 距离，来测量具有弱关系的两个概率测度之间的距离[91]。即，Wasserstein 距离可以在两个分布完全不一致时，仍然可以反映出它们之间的远近关系。

Wasserstein 距离定义如下：

$$D_W(P,Q) = \inf_{\pi \sim \Pi(P,Q)} E_{(x,y)\sim\pi}[\parallel x - y \parallel] \tag{3-26}$$

式中：$\Pi(P,Q)$ 表示分布 P,Q 的联合分布的集合，等式左边表示对从联合分布集合中取样的样本对距离的期望的下界。同样的，Wasserstein 距离值越大表示两分布间的距离越大。

JS 散度本质上是对 KL 散度的改进，两者在衡量数据分布间距离上是没有差别的；而 Wasserstein 距离对即使只具有弱关系的两个分布，也可以衡量两者之间的距离。因此，本篇将采用 KL 散度和 Wasserstein 距离来检验数据生成的有效性。

3.2　平台软件选择

3.2.1　Python 软件

Java 语言、C 语言等是常用的高级编程语言；Matlab 是一个具有很强的求解数学问题功能的软件；SPSS、R 语言、SAS 等是专业的统计数据分析软件。各种软件在各自的用途中都发挥着强大的作用，但是在处理其他问题上可能使用效果并不尽人意。而 Python 是一款集数据分析、数据挖掘、人工智能、Web 开发等于一身的、各方面都大有长处的软件。根据 TIOBE 编程语言排行榜，截至 2019 年 2 月，Python 使用量占比 7.574%，成为仅次于 Java 和 C 语言的第三大编译语言。虽然 Java 和 C 语言的占比在 Python 软件之上，但是根据图 3.3 以及图 3.4 可以看出，这两种语言的使用占比呈现明显递减趋势；由图 3.5 可知，Python 软件的占比却逐年上升，且增幅不小，可见 Python 软件的火热程度。本书考虑其强大的编译能力和数据分析能力，选择使用 Python 软件完成所有的程序编写和可视化展示。

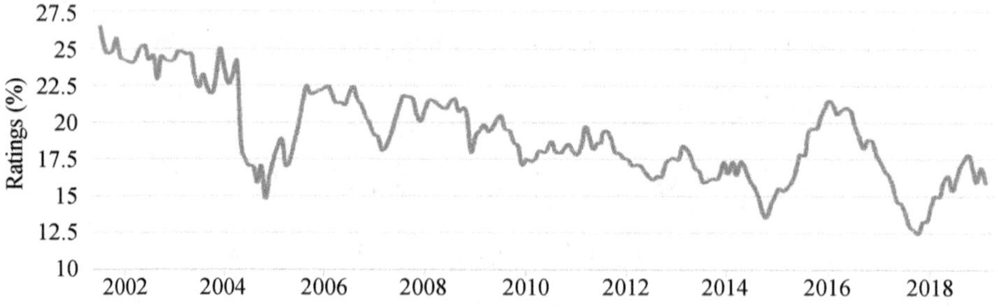

图 3.3　Java 语言占比趋势图[92]

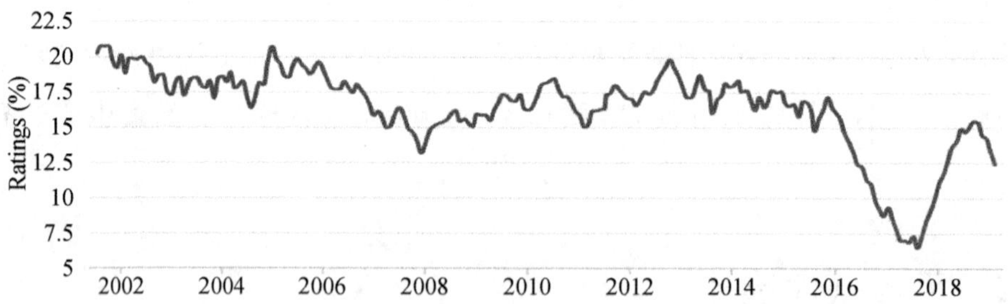

图 3.4　C 语言占比趋势图[93]

Python 是由荷兰人 Guido van Rossum 在 1989 年首先提出，在 1991 年发行第一个版本。因为发明者参与过交互式高级语言 ABC 语言的开发，因此 Python 也是基于 ABC 语言的。它保留了 ABC 语言的编程简单、容易理解的特色，但是还是存在实现效率低的问题，这在计算机性能还不太高的当时是吃亏的。因此，Python

发明初期，它的使用很不广泛。直到2005年，由Python编写的Django框架发布，因其具有更高效、更实用、更安全等特性迎来了Python使用的小高潮（见图3.5）。此后，随着大数据和人工智能的发展，Python因其各方优势逐渐成为编程语言的"领头羊"。

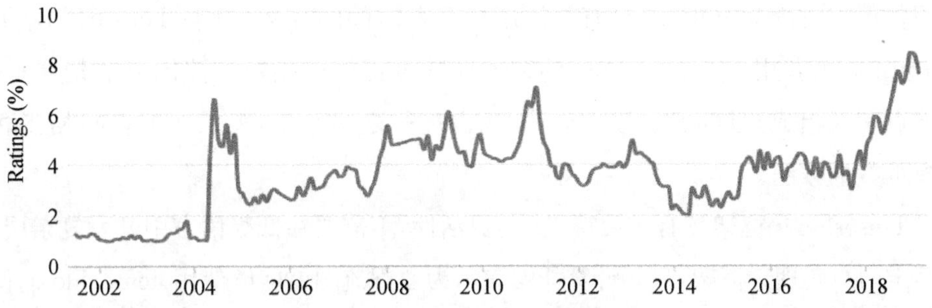

图3.5　Python语言占比趋势图[94]

Python语言是一种具有很强的解释性、可扩展嵌入性、面向对象语言的交互式语言。通俗的理解就是，Python语言更偏自然语言，而计算机只能理解机器语言，Python语言解释性可以保证用户可以随时编写程序并即刻运行；Python的可扩展嵌入性使得用户可以自由地将由其他语言编写的扩展模块作为新功能添加到Python中，还可以将Python解释器嵌入到其他程序中[95]；Python语言的面向对象是自带的，它支持将用户需要的某些特定行为、特性或者功能与所要处理的数据结合在一起；Python语言的交互式特性使得用户不用经过复杂的保存和编译阶段，直接输入脚本语句，执行就可以立即看出运行结果。除此之外，Python还自带有丰富的类库，包括可视化类库、性能优化器等，对于其他编程语言，这些通常都是需要另外获取的[96]。但是，Python同时还存在着一些不足。首先，与C＋＋这些语言相比较，它的执行速度不够快，但是对于用户来说影响并不大；其次，升级前后的版本有些语句不兼容，对用户来说是有些困扰的；最后，Python编写的代码不能加密，缺乏安全性，但同时正因为它这个特性，Python的编写的程序大都开源，促进了用户间的联系，这也是Python越来越火热的原因之一。

3.2.2　网络训练环境

由于本篇工程实例将处理的数据规模比较小，适应现场使用条件在笔记本电脑上就可以实现。电脑为 Window10 系统，64 位操作系统，CPU 处理系统。本书的生成式对抗网络选择在 TensorFlow 学习框架上编程。

TensorFlow 最初是由谷歌开源的数字计算软件库，主要用于深度学习。它是采用 C++语言开发的，具有很高的运行效率，可以被 C、Java、Python 等多种语言调用。但同时因为 Python 具有节约用户开发时间的优势，目前 TensorFlow 最常用 Python 来调用。TensorFlow 的整个训练过程可以用数据流图来清楚展示，图由节点和线组成，节点表示数学运算，线也被称之为张量，表示在节点间相互联系的多维数据数组。

TensorFlow 框架具有 4 大特点[76]：灵活性，不需要在低级语言中开发复杂层，没有固定的一套理论框架，只要计算能够表示为数据流图就能够使用 TensorFlow；便捷通用性，采用 C++开发使其可以在台式机、服务器、手机移动等多种设备上运行；超强运算性，TensorFlow 在运算时可以自动匹配计算机的处理系统(GPU 或是 CPU)，对于普通用户而言很友好；成熟性，因其灵活性、便捷通用性和超强运算性，TensorFlow 被使用得越来越多，框架的成熟性也随着不断的应用、修改逐渐提高。

第 4 章　工程实例

根据第三章建模过程建立生成式对抗网络模型，在此基础上，采用某引水隧洞实测数据进行实例分析。

4.1　数据预处理

4.1.1　数据归一化

由于各个测值的量纲各不相同，且实测值之间数据量差异较大，故本篇首先将数据进行预处理。直接通过 Python 软件，用矩阵计算模型 NumPy 进行计算，归一化计算公式如公式(4-1)所示。

$$x^{*} = \left(\frac{x - x_{\min}}{x_{\max} - x_{\min}} - 0.5\right) \times 2 \tag{4-1}$$

式中：$x_{\min}$、$x_{\max}$ 分别表示数据的最小值和最大值，该式归一化后将数据变成 (−1，1) 之间。

4.1.2　训练集与测试集

考虑到本书使用的数据规模比较小，为了获得较为准确的训练结果，本章将全部数据按照不同的方式分为测试集和训练集，训练集用于网络的训练，测试集用于后面的结果检验。

4.1.3 数据读取

CSV 文件最早被用在数据库里，其存储信息的容量小，在多种软件中兼容，且相较于其他文件格式，Python 处理 CSV 文件更有效率。因此本书选用的文件格式是 CSV 文件，原始数据和生成数据都保存为 CSV 文件。采用 Python 软件的 pandas 库实现对 CSV 文件数据的读取与输出，通过 pd.read_csv()语句实现。

4.2 网络设置及训练

4.2.1 网络结构

本章分析的两个工程实例数据规模都比较小，且只是简单的一维离散数据(单独考虑每个变量时)，假设数据不存在复杂的非线性结构。水击数据实例和坝体土压力数据实例的输入层节点数和输出层节点数都一致，采用公式(3-2)估算隐含层节点数。水击数据实例的合理的节点数在 7 个左右，坝体土压力数据实例合理的节点数在 5 个左右，再经实验调整，本章将水击数据的生成器和判别器隐含层节点数设置为 5 个，将大坝坝体土压力数据的生成器和判别器隐含层节点数设置为 4 个。采用全连接方式训练，生成器与判别器的结构设置如图 4.1 所示，图中 $k=4$ 或 5。

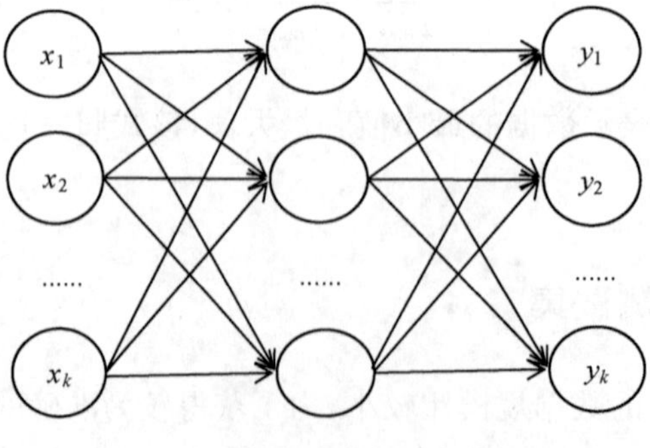

图 4.1 生成器与判别器网络结构

对于生成器，首先输入 100×k 维的噪声向量，输出也是 100×k 维的向量，其中 100 表示输出的样本数量，k 表示两个工程实例中输入变量的个数，分别为 5 和 4；网络权重为 k×k 的向量，偏置为 k×1 的向量。隐含层和输出层权重和偏置定义 Python 实现见表 4.1。

表 4.1　生成器定义

生成器隐含层和输出层权重、偏置
W=tf.get_variable(name="g_W",shape=[k,k], initializer=tf.contrib.layers.xavier_initializer(),trainable=True) b=tf.get_variable(name="g_b",shape=[k], initializer=tf.zeros_initializer(),trainable=True)

判别器分别对两组数据进行训练，一组是生成器输出的数据，另一组的真实数据。判别器的输入是 None×k 维的向量，输出也是 None×k 维的向量，是关于五个变量的概率值，这里的 None 根据实际数据而定；网络权重也是 k×k 的向量，偏置为 k×1 的向量。判别器隐含层和输出层权重和偏置定义在 Python 中的设计如表 4.2 所示。

表 4.2　判别器定义

判别器隐含层和输出层权重、偏置
W1=tf.get_variable(name="d_W1",shape=[k,k] initializer=tf.contrib.layers.xavier_initializer(),trainable=True) b1=tf.get_variable(name="d_b1",shape=[k], initializer=tf.zeros_initializer(),trainable=True)

4.2.2　权重初始化

对于权重的初始化，本章两个实例采用的网络层数比较少，因此不考虑 MSRA 初始化方法。通过 Python 软件，分别采用正态分布初始化和 Xavier 初始化方式在两组实例上进行测试，分别训练 1 000 次，两种初始化方法的训练时间复杂度如表 4.3、表 4.4 所示。

表 4.3　水击数据训练时间复杂度

初始化方法	时间复杂度
正态分布初始化	4 分 29 秒
Xavier 初始化	4 分 48 秒

表 4.4　坝体土压力数据训练时间复杂度

初始化方法	时间复杂度
正态分布初始化	3 分 13 秒
Xavier 初始化	2 分 55 秒

从表 4.3、表 4.4 的结果来看，考虑时间复杂度时，两种初始化方法没有很明显的差异，下面结合采用两种初始化方法的权重变化情况来看。

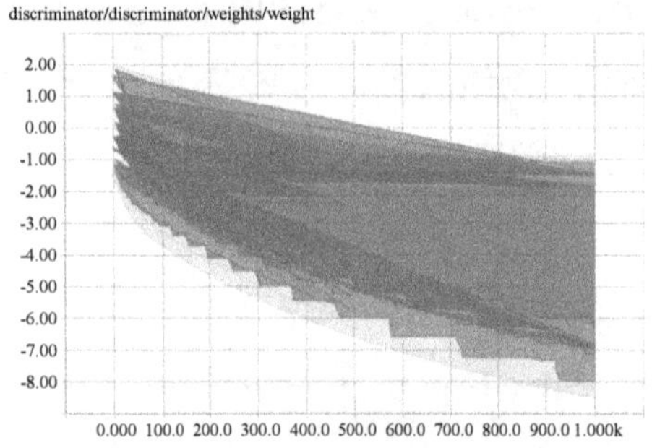

图 4.2(a)　判别器权重变化

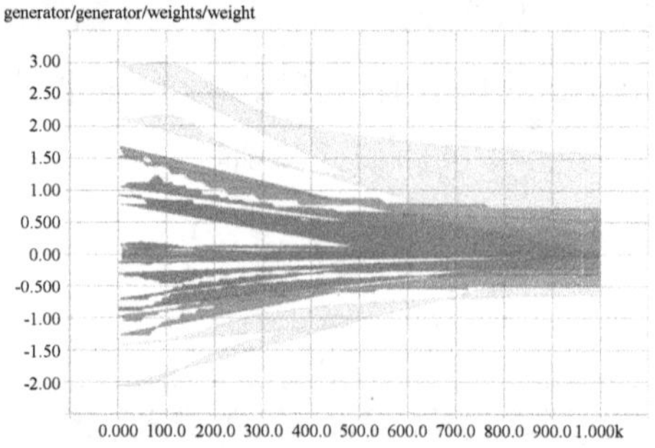

图 4.2(b)　生成器权重变化

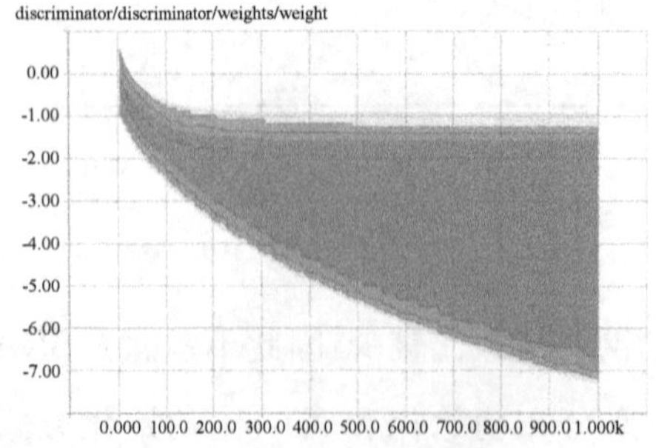

图 4.2(c)　判别器权重变化

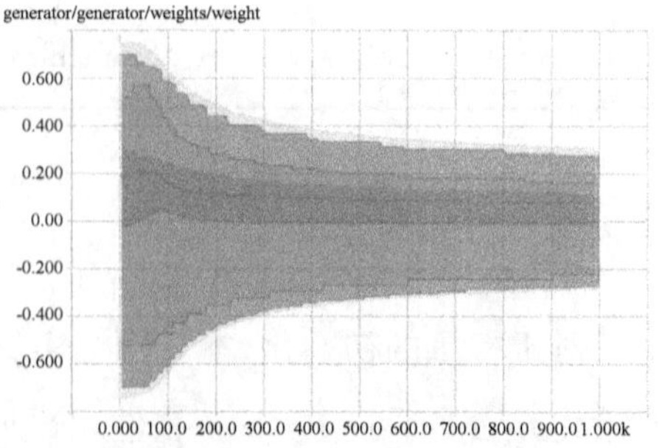

图 4.2(d)　生成器权重变化

图 4.2(a)、图 4.2(b)分别表示对水击数据采用标准正态分布初始化方法训练

的判别器权重和生成器权重的变化情况，图 4. 2(c)、图 4. 2(d)分别表示采用 Xavier 初始化方法训练的判别器权重和生成器权重的变化情况。

图 4. 3(a)、图 4. 3(b)分别表示对土压力数据采用标准正态分布初始化方法训练的判别器权重和生成器权重的变化情况，图 4. 3(c)、图 4. 3(d)分别表示采用 Xavier 初始化方法训练的判别器权重和生成器权重的变化情况。

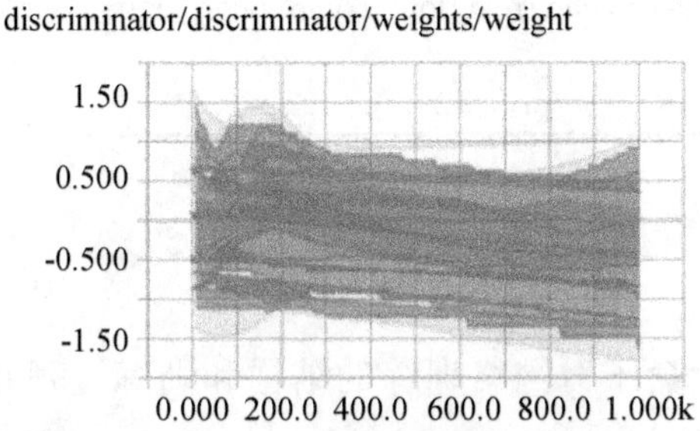

图 4. 3(a)　判别器权重变化

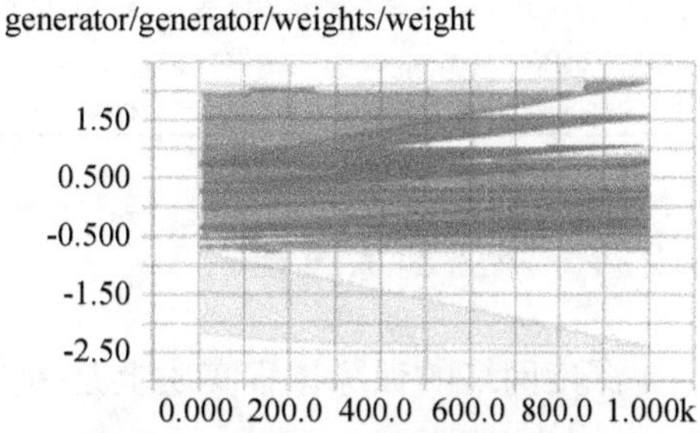

图 4. 3(b)　生成器权重变化

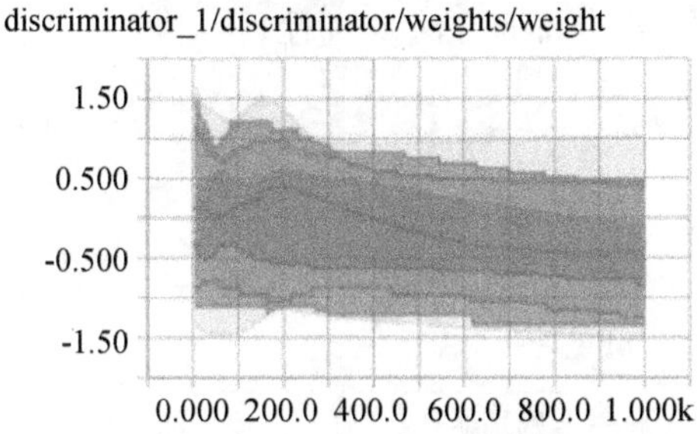

图 4. 3(c)　判别器权重变化

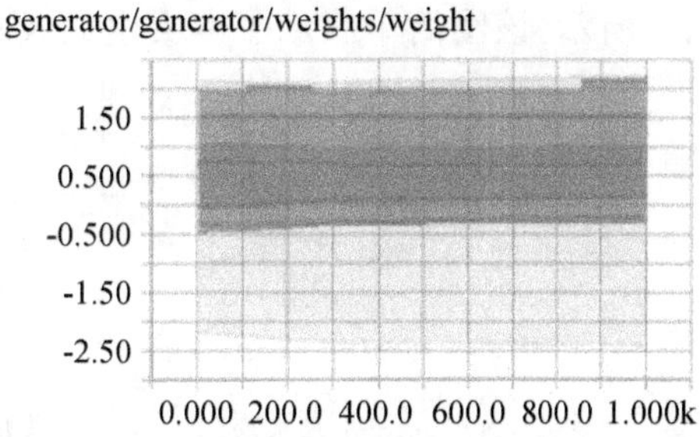

图 4. 3(d)　生成器权重变化

从图中可以看出，两个数值实例采用标准正态分布初始化训练权重的变化相较于采用 Xavier 初始化训练的都是明显不稳定的。综上，本章采用 Xavier 初始化方法。

4.2.3　参数优化

本章参数优化方法采用的是小批量随机梯度优化方法，该方法可通过 TensorFlow 自带的函数实现。网络训练的主函数见表 4. 5，表中 k 为节点数，N 为训练样本数。网络的训练通过 TensorFlow 的会话计算最终结果。

表 4.5　网络训练主函数设计

主函数部分程序
init=tf. global_variables_initializer()
sess=tf. Session()
sess. run(init)
z=np. random. normal(size=(100,k))
excerpt=np. random. randint(N,size=100)
fake_x,real_logits,fake_logits=sess. run([gan. fake_x,gan. real_logits,gan. fake_logits],feed_dict={gan. z:z,gan. x:X[excerpt,:]})
rs=sess. run(merged,feed_dict={gan. z:z,gan. x:X[excerpt,:]})

4.2.4　网络训练过程

深度网络的训练过程实质上是一个“黑盒子”,网络训练的结构和训练过程是无法清楚探知的。在 Python 中,Tensorboard 可视化工具具体展示了网络训练过程。本书中两工程实例采用的网都是单隐层结构,其网络训练的数据流图如图 4.4 所示,该图简单展示了本书生成式对抗网络的训练方法及过程。

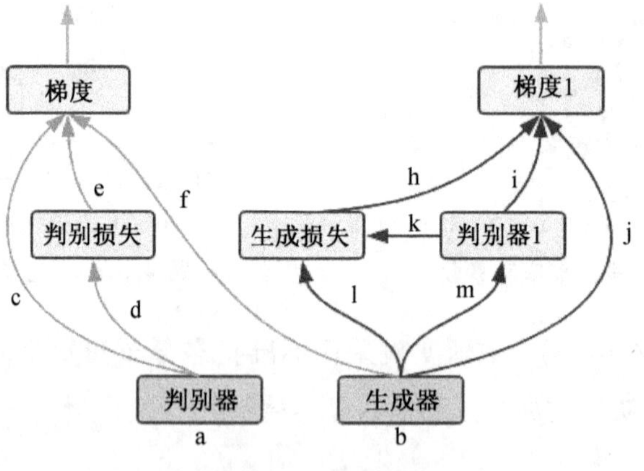

图 4.4　数据流简图

图 4.4 中矩形框表示存储空间,有向线性表示数据的流向。a、b 节点表示网络开始训练,线图 c、d、e、f 表示固定生成器,首先对判别器进行训练,训练结果以梯度形式保存;线图 h、i、j、k、l、m 表示固定判别器对生成器进行训练,训练结果输入到判别器,判别器对结果进行判别,同样以梯度形式保存,这样就完成了第一次的对抗训练过

程。图中梯度的浅灰色线图表示更新操作，依次循环，直至生成高质量的数据。

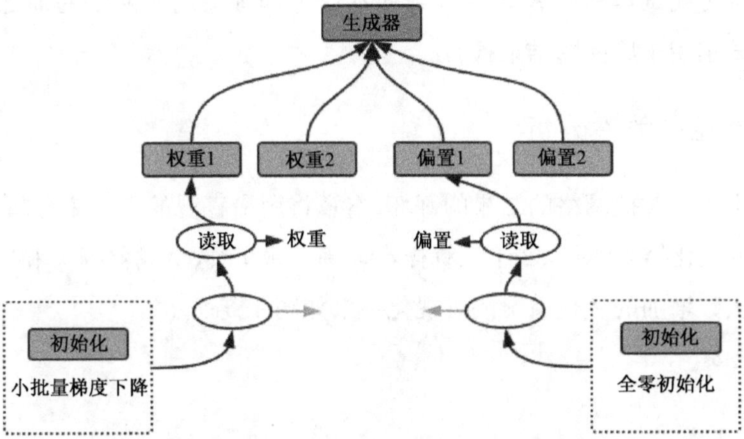

图 4.5　生成器计算过程

以生成器为例，图 4.5 展示了生成器训练的具体计算过程，包括输入层到隐含层、隐含层到输出层的权重和偏置的输入和初始化过程。矩形框表示存储空间，椭圆节点表示具体操作，浅灰色线图表示更新操作。

4.3　某引水隧洞水击数据生成

4.3.1　工程概况

本章对某引水隧洞实测数据进行分析，隧洞为圆形洞，洞径为 7.3 m，设计水压为 0.7 MPa，设计水头为 60 m，隧洞长 99 km。正向支承和反向支承都采用工程塑料合金滑道，侧向支承采用简支式定轮，吊点型式为 5.28 m 双吊点。隧洞充水方式采用柱塞式充水阀，充水阀口径为 500 mm。

水击现象是当压力管道的阀门突然关闭或开启，瞬时流速迅速发生变化，引起水流动量迅速改变，导致压力发生变化的现象，其影响因素有水头大小、水位高程以及温度等。因此，本章共选取五个变量进行研究，测值 1、测值 2、水头、温度和水位高程，分别记为 x_1、x_2、x_3、x_4、x_5。采用 2018 年 12 月 28 日 14 点至 2018 年 12

月 28 日 22 点之间的以分为间隔的 482 组隧洞水击数据。全部 482 组数据按照不同的方式分为测试集和训练集，382 组样本作为训练集用于网络的训练，100 组样本作为测试集用于后面的结果检验。

4.3.2 网络收敛性分析

对于生成式对抗网络的结果的好坏，本章将用最直观的方式来分析，通过 tensorboard 可视化结果，对 382 组训练样本训练 5 000 次，生成器损失和判别器损失随着训练次数增加的变化情况的可视化结果如图 4.6 所示。

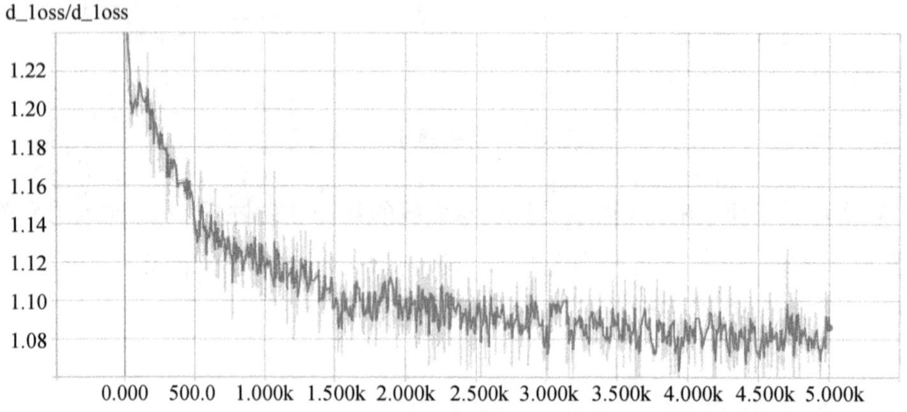

图 4.6(a) 判别器损失函数取值趋势图

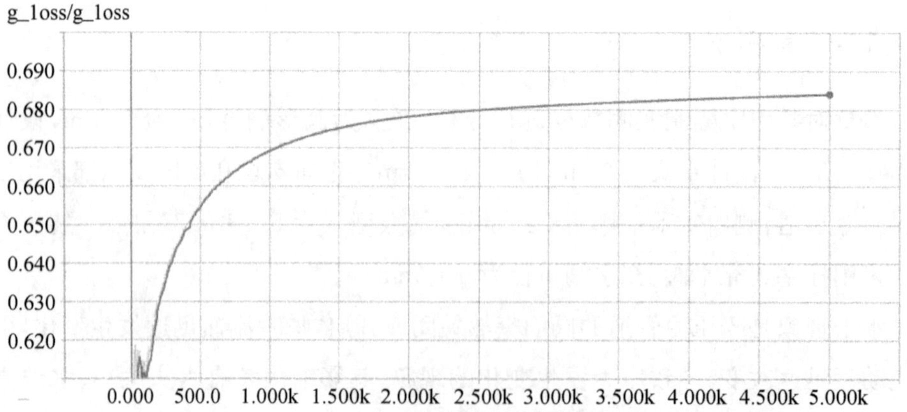

图 4.6(b) 生成器损失函数取值趋势图

判别器和生成器损失函数取值的趋势图如图 4.6(a)和图 4.6(b)所示，从图中可以看到，随着网络训练次数的增加，判别器的损失在逐渐降低，当网络训练至 3 500次左右时判别器损失函数值基本保持在 1.08 上下不变。而生成器的损失随着网络训练次数的增加在不断的增加，当网络训练至 3 500 次左右时生成器损失函数值也基本保持在 0.68 上下不变。此时，网络收敛，网络训练效果比较好。

4.3.3 网络时间复杂度

对于本章网络训练的时间复杂的衡量，以实际训练时间为标准。对输入的全部 382 个样本量的五个变量训练 5 000 次，网络的训练时间大概为 19 分钟 30 秒。

4.3.4 结果检验

本节将通过计算生成数据与测试集数据的数据分布间 KL 散度以及 Wasserstein 距离，定性地判断本书采用的生成式对抗网络训练结果的好坏。

选取后 100 组实测数据作为测试集，前 382 组实测数据作为训练集经网络训练后最终保存 100 组生成数据。下面将利用这 100 组生成数据与样本量为 100 的测试数据进行结果检验。

对于 KL 散度，根据公式(3-21)，该值是关于数据的概率分布值的计算。因此首先分别计算 100 组实测数据和 100 组生成数据的五个变量数据的概率分布值，然后由概率分布值计算各变量的 KL 散度值。

表 4.6 生成式对抗网络结果 KL 值

距离	X1	X2	X3	X4	X5
KL 散度	0.149 7	0.103 7	0.080 9	0.103 7	0.080 9

表 4.6 为生成式对抗网络的结果 KL 计算值表，根据表 4.6，五个变量的 KL 散度值最大只有 0.149 7，从整体上看 5 个变量的生成数据和实测数据概率分布之间的差异很小，可以认为本书采用的生成式对抗网可以很好地模拟水击数据的概率分布。

4.3.5 实验对比

为了验证本书方法的有效性，下面将采用时间序列预测的方法进行分析，并将结果与本书方法对比。选取后 100 组实测数据作为测试集，前 382 组实测数据作为训练集，对各变量进行时间序列分析。

首先对各变量的平稳性进行检验，最直观地从时序图判断。图 4.7(a)至图 4.7(e)分别表示变量 x_1、x_2、x_3、x_4、x_5 的时序图。为简单绘图，图中时间用自然数序列(横轴)表示，纵轴为样本取值。

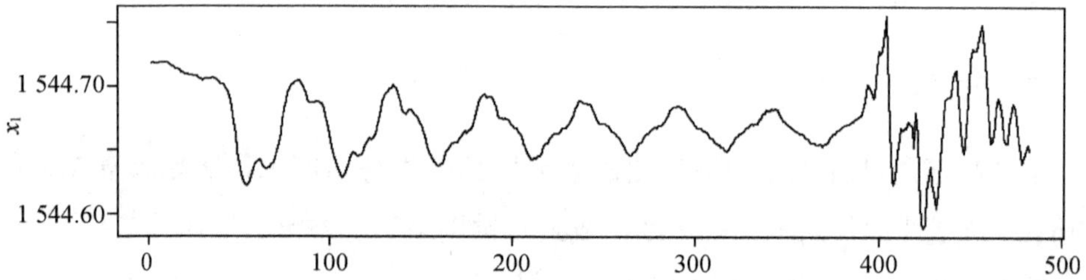

(a) 变量 x_1

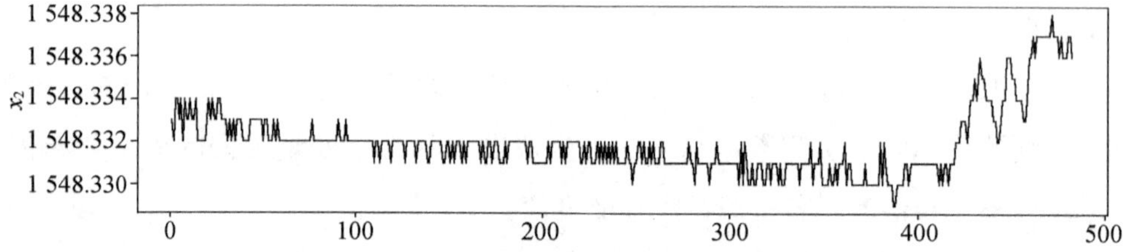

(b) 变量 x_2

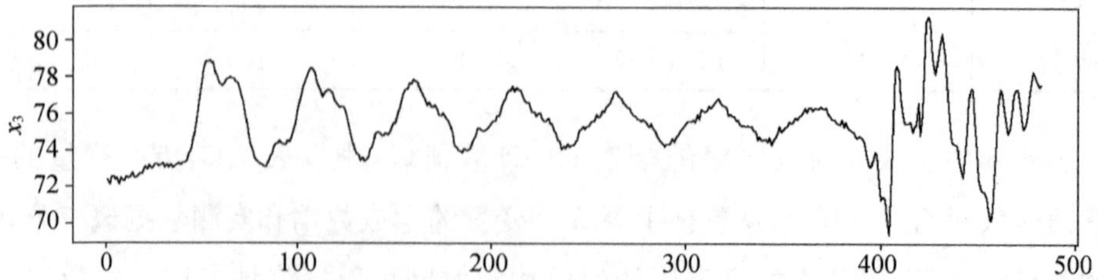

(c) 变量 x_3

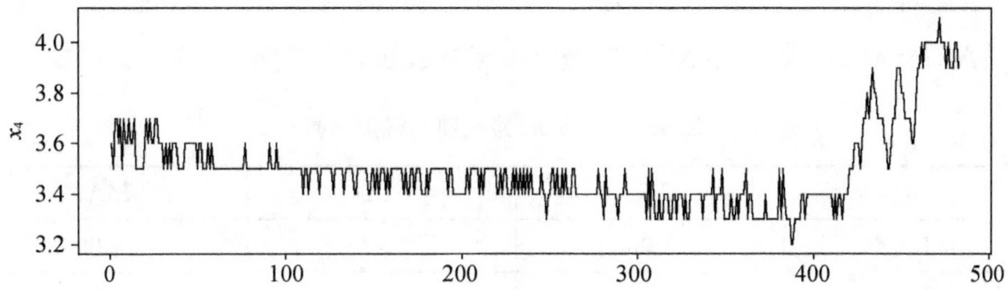

(d) 变量 x_4

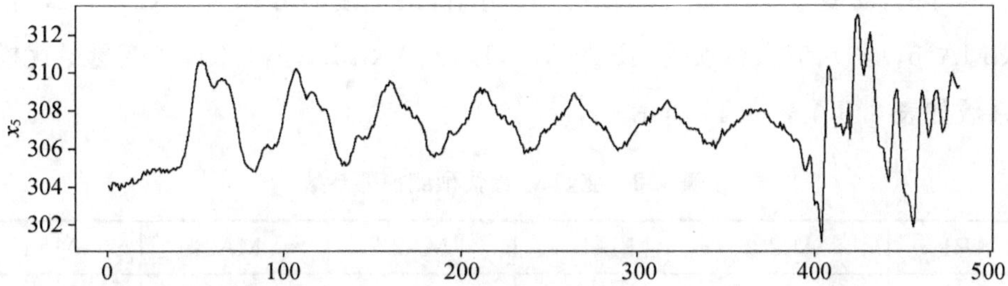

(e) 变量 x_5

图 4.7 时间序列图

从图 4.7 中可以看出 x_1、x_2、x_3、x_4、x_5 五个变量都明显不平稳，变量 x_1、x_3、x_5 呈现周期性变化趋势，变量 x_2、x_4 呈现不规则变化。因此，首先需要对各变量进行差分。以变量 x_1 为例详细说明，对变量 x_1 进行一阶差分，差分后的数据时序图如图 4.8 所示。从图 4.8 可以看到，一阶差分后的 x_1 围绕 0 上下波动，呈现平稳变化趋势。

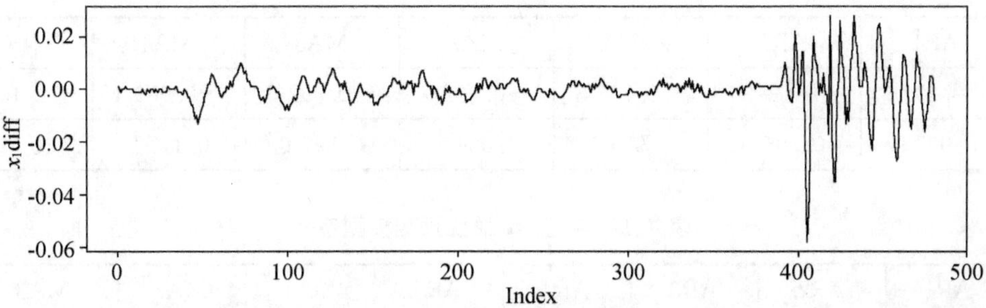

图 4.8 变量 x_1 一阶差分后的时间序列图

然后对变量 x_1 进行 ADF 检验，在模型选择中，根据 AIC、BIC 准则最小原则，模型 ARIMA(2,1,2)是最优模型，最优模型系数如表 4.7 所示。

表 4.7　变量 x_1 最优预测模型系数

AR1	AR2	MA1	MA2
1.152 6	−0.350 2	−0.444 3	0.414 0
0.122 4	0.113 8	0.119 2	0.060 9

同样的，对变量 x_2 、x_3 、x_4 以及 x_5 分析，最优模型分别为 ARIMA(2,1,4)、ARIMA(5,1,3)、带漂移项的 ARIMA(2,1,4)、ARIMA(5,1,3)，各变量最优模型的系数如表 4.8 至表 4.11 所示。

表 4.8　变量 x_2 最优预测模型系数

AR1	AR2	MA1	MA2	MA3	MA4
−0.355 6	0.090 5	−0.563 0	−0.247 1	−0.022 7	−0.129 3
0.972 3	0.427 5	0.967 4	1.241 7	0.517 6	0.185 8

表 4.9　变量 x_3 最优预测模型系数

AR1	AR2	AR3	AR4	AR5	MA1	MA2	MA3
0.824 4	−0.232 0	−0.255 0	0.190 2	0.115 4	−0.674 5	0.682 3	0.168 1
0.584 1	0.581 5	0.263 8	0.124 4	0.168 2	0.584 6	0.486 5	0.485 9

表 4.10　变量 x_4 最优预测模型系数

AR1	AR2	MA1	MA2	MA3	MA4	漂移项
−0.208 6	0.017 9	−0.738 3	−0.032 7	−0.092 6	−0.089 4	-7×10^{-4}
0.937 9	0.305 0	0.935 5	1.064 1	0.397 8	0.177 2	10^{-4}

表 4.11　变量 x_5 最优预测模型系数

AR1	AR2	AR3	AR4	AR5	MA1	MA2	MA3
0.811 4	−0.221 9	−0.259 6	0.189 1	0.118 2	−0.663 5	0.673 9	0.177 3
0.581 7	0.578 7	0.261 7	0.123 2	0.165 7	0.582 3	0.484 2	0.482 5

采用最优模型分别预测各变量的后 100 期的数据，为了检验结果，对时间序列预测值和测试集数据计算 KL 散度，结果如表 4.12 所示。

表 4.12 时间序列分析结果检验表(保留 4 位小数)

距离	X1	X2	X3	X4	X5
KL 散度	0.360 6	0.129 3	1.207	0.106 4	0.933

根据表 4.12，从 KL 散度的值看，时间序列方法对于分布的模拟总体上效果不是很好。特别是对于变量 x_3 和 x_5，从时序图以及两变量的极差和方差可以判断，这两个变量的样本值是比较离散的。变量 x_5 的 KL 值高达 0.933，而变量 x_3 的 KL 散度值超过了 1，无解释意义。计算结果表明这两个变量通过该方法获得的数据与原实测数据的概率分布之间差距比较大。而采用生成式对抗网络生成的数据与训练集数据计算时，这两个变量之间的 KL 散度值都只有 0.080 9(见表 4.6)，这说明相较于时间序列预测的方法，对样本值比较离散的数据，本书采用的方法也可以很好地模拟出它的分布。

采用 Wasserstein 距离衡量生成数据与测试数据间样本测值的差异，对于 Wasserstein 距离的计算涉及的参数包括两个数据分布和样本权值，样本的权值是指对训练样本数据根据其重要性赋予不同的权重，而本书中采用的数据不存在各样本间存在差异，即重要性是一致的。因此在采用 Python 计算 Wasserstein 距离时权重设为默认值，即样本间不存在差异。分别计算两种方法获得结果的 Wasserstein 距离计算值，如表 4.13 所示。

表 4.13 Wasserstein 距离计算结果表

方法	X1	X2	X3	X4	X5
GANs	0.027	0.002	2.009	0.224	2.011
时间序列	0.027	0.003	2.027	0.330	2.011

Wasserstein 距离越小说明生成的数据质量越好。根据表 4.13，从 Wasserstein 距离的结果来看，本书采用的生成式对抗网络和时间序列方法结果整体上都比较好。与时间序列方法的计算结果相比，五个变量的数据精确度分别提高了 0%、33.3%、1%、32%、0%，说明了本书采用的方法效果更好。

参考文献

[1] 朱建平，章贵军，刘晓葳. 大数据时代下数据分析理念的辨析[J]. 统计研究，2014，31(2):10-19.

[2] 周光华，辛英，张雅洁，等. 医疗卫生领域大数据应用探讨[J]. 中国卫生信息管理杂志，2013，10(4):296-300+304.

[3] 高汉松，肖凌，许德玮，等. 基于云计算的医疗大数据挖掘平台[J]. 医学信息学杂志，2013，34(5):7-12.

[4] 汪鹏，吴昊，罗阳，等. 医疗大数据应用需求分析与平台建设构想[J]. 中国医院管理，2015，35(6):40-42.

[5] 蔚赵春，凌鸿. 商业银行大数据应用的理论、实践与影响[J]. 上海金融，2013(9):28-32.

[6] 李展烨. 浅谈大数据在经济管理领域的应用[J]. 通讯世界，2019，26(2):117.

[7] 孙柏林. “大数据”技术及其在电力行业中的应用[J]. 电气时代，2013(8):18-23.

[8] 赵腾，张焰，张东霞. 智能配电网大数据应用技术与前景分析[J]. 电网技术，2014，38(12):3305-3312.

[9] 吴凯峰，刘万涛，李彦虎，等. 基于云计算的电力大数据分析技术与应用[J]. 中国电力，2015，48(2):111-116+127.

[10] 赵铁柱，董辉，林玉文，等. 大数据技术在轨道交通领域中的研究和挑战[J]. 东莞理工学院学报，2019，26(1):28-32.

[11] 陆化普，孙智源，屈闻聪. 大数据及其在城市智能交通系统中的应用综述[J]. 交通运输系统工程与信息，2015，15(5):45-52.

[12] 秦萧，甄峰，熊丽芳，等. 大数据时代城市时空间行为研究方法[J]. 地理科学进展，2013，32(9):1352-1361.

[13] 甄峰，秦萧. 大数据在智慧城市研究与规划中的应用[J]. 国际城市规划，2014，29(6):44-50.

[14] 曹东. 水利大数据建设与应用的路径思考[J]. 东北水利水电，2018，36(4):64-65.

[15] 杨静远，廖志坚. 地质大数据应用与地质信息化发展的思考[J]. 世界有色金属，2018(6):284-285.

[16] 卢劲锴. 岩土工程勘察大数据的相关思考[J]. 世界有色金属，2017(24):279-280.

[17] 许国艳，高祥涛，司存友，等. 基于水利云的江苏省水利信息资源整合共享研究[J]. 水利信息化，2017(6):37-40.

[18] 冯钧，许潇，唐志贤，等. 水利大数据及其资源化关键技术研究[J]. 水利信息化，2013(4):6-9.

[19] 李建中，刘显敏. 大数据的一个重要方面:数据可用性[J]. 计算机研究与发展，2013，50(6):1147-1162.

[20] WU X , ZHU X , WU G Q , et al. Data mining with big data[J]. IEEE transactions on knowledge and data engineering，2014，26(1):97-107.

[21] 冯巧，邵奎兴. 水利水电施工专用计量仪器体系划分初探[J]. 人民长江，2013，44(s2):20-22.

[22] 邓银燕. 缺失数据的填充方法研究及实证分析[D]. 西安:西北大学，2010.

[23] 郭立君，赵杰煜，史忠植. 生成模型与判别方法相融合的图像分类方法[J]. 电子学报，2010，38(5):1141-1145.

[24] 刘星毅，曾春华，江南雨，等. 缺失数据的处理和挑战[J]. 钦州学院学报，2008，23(6):25-29.

[25] 胡玄子，陈小雪，钱叶亮，等. 数据处理中缺失数据填充方法的研究[J]. 湖

北工业大学学报，2013，28(5)：82-84.
[26] 李宏，阿玛尼，李平，等. 基于 EM 和贝叶斯网络的丢失数据填充算法[J]. 计算机工程与应用，2010，46(5)：123-125.
[27] 邹薇，王会进. 基于朴素贝叶斯的 EM 缺失数据填充算法[J]. 微型机与应用，2011，30(16)：75-77.
[28] 梁秉毅，蔡延光，蔡颢，等. 基于优化决策树和 EM 的缺失数据填充算法[J]. 自动化与信息工程，2017，38(5)：37-43.
[29] 刘思谦，陈志奎，蒋昆佑，等. 一种混杂的多核估计数据填充方法[J]. 小型微型计算机系统，2017，38(7)：1523-1527.
[30] 冷泳林，陈志奎，张清辰，等. 不完整大数据的分布式聚类填充算法[J]. 计算机工程，2015，41(5)：19-25.
[31] 郑斌. 基于改进遗传算法的不完整大数据填充挖掘算法[J]. 微电子学与计算机，2016，33(2)：96-99.
[32] 杨毅，卢诚波. 一种基于极限学习机的缺失数据填充方法[J]. 计算机应用与软件，2016，33(10)：243-246.
[33] 朱彦君，吴向阳. 基于张量分解的多维数据填充算法[J]. 计算机工程，2014，40(5)：45-48.
[34] 卜范玉，陈志奎，张清辰. 基于深度学习的不完整大数据填充算法[J]. 微电子学与计算机，2014，31(12)：173-176.
[35] 张婵. 一种基于支持向量机的缺失值填补算法[J]. 计算机应用与软件，2013，30(5)：226-228.
[36] 张彦昌. 使用数学插值法对水位数据插补的方法研究[J]. 水道港口，2014，35(4)：459-462.
[37] 周清，王奉伟. 变形监测缺失数据序列灰色建模方法探讨[J]. 测绘工程，2016，25(12)：70-73.
[38] 王娟，杨杰，程琳. 基于 KICA-RVM 的大坝缺失监测数据插值方法[J]. 水资源与水工程学报，2017,28(1)：197-201.
[39] 顾文权，邵东国. 资料缺失河道水质风险分析[J]. 水科学进展，2012，23

(1):74-79.

[40] DAWID A P. Properties of diagnostic data distributions[J]. Biometrics, 1976, 32(3):647-658.

[41] 王桢文，肖卫东，谭文堂. 基于概率生成模型的网络数据分类方法[J]. 计算机研究与发展，2013，50(12):2642-2650.

[42] 郭立君，赵杰煜，史忠植. 生成模型与判别方法相融合的图像分类方法[J]. 电子学报，2010，38(5):1141-1145.

[43] 柯逍，李绍滋，曹冬林. 基于判别模型与生成模型的层叠图像自动标注[J]. 模式识别与人工智能，2011，24(3):305-313.

[44] 王梅，周向东，许红涛，等. 基于可判别超平面树的生成模型图像标注方法[J]. 软件学报，2009，20(9):2450-2461.

[45] 刘倩，侯建华，牟海军，等. 联合生成与判别模型的目标检测与跟踪[J]. 中国图象图形学报，2018，18(10):1293-1301.

[46] 刘硕明，刘佳. 基于生成/判别混合模型的动作识别[J]. 电子技术与软件工程，2014(12):212-213.

[47] 杨鹏，吕强，杨凌云，等. 1种蛋白质Loop片段结构的概率生成模型[J]. 计算机与应用化学，2010，27(5):573-576.

[48] GOODFELLOW I J , POUGET-ABADIE J , MIRZA M , et al. Generative adversarial networks[J]. Advances in neural information processing systems, 2014, 3:2672-2680.

[49] ARJOVSKY M , CHINTALA S , BOTTOU L Wasserstein generative adversarial networks[J]. Proceedings of machine learning research, 2017, 70: 214-223.

[50] GULRAJANII , AHMED F , ARJOVSKY M , et al. Improved training of wasserstein GANs[J/OL]. arXiv :1704. 00028, 2017. https://ui. adsabs. harvard. edu/abs/2017arXiv170400028G/abstract.

[51] MAO X , LI Q , XIE H , et al. Least squares generative adversarial networks[C]// 2017 IEEE international conference on computer vision (IC-

CV)，2017:2794-2802.

[52] TOLSTIKHIN I，GELLY S，BOUSQUET O，et al. AdaGAN: boosting generative models[J/OL]. arXiv: 1701. 02386，2017. https://www. researchgate. net/publication/312194832 _ AdaGAN _ Boosting _ Generative _ Models.

[53] MIRZA M，OSINDERO S. Conditional generative adversarialnets[J/OL]. arXiv:1411. 1784，2014. https://arxiv. org/abs/1411. 1784v1.

[54] CHEN X，DUAN Y，HOUTHOOFT R，et al. InfoGAN:interpretable representation learning by information maximizing generative adversarial nets [C]// Neural information processing systems (NIPS)，2016.

[55] ODENA A，OLAH C，SHLENS J. Conditional image synthesis with auxiliary classifier GANs[[J/OL]. arXiv: 1610. 09585，2016. https://arxiv. org/abs/1610. 09585.

[56] RADFORD A，METZ L，CHINTALA S. Unsupervised representation learning with deep convolutional generative adversarial networks [C]// ICLR，2016.

[57] 王功明，乔俊飞，王磊. 一种能量函数意义下的生成式对抗网络[J]. 自动化学报，2018，44(5):793-803.

[58] 张龙，赵杰煜，叶绪伦，等. 协作式生成对抗网络[J]. 自动化学报，2018，44(5):804-810.

[59] 孙全，曾晓勤. 基于生成对抗网络的图像修复[J]. 计算机科学，2018，45(12):229-234+261.

[60] 孙亮，韩毓璇，康文婧，等. 基于生成对抗网络的多视图学习与重构算法[J]. 自动化学报，2018，44(5):819-828.

[61] 卢倩雯，陶青川，赵娅琳，等. 基于生成对抗网络的漫画草稿图简化[J]. 自动化学报，2018，44(5):840-854.

[62] 姚乃明，郭清沛，乔逢春，等. 基于生成式对抗网络的鲁棒人脸表情识别[J]. 自动化学报，2018，44(5):865-877.

[63] 谢川，王勇超，林志洁，等. 基于对抗生成网络的蒙特卡罗噪声去除算法[J]. 模式识别与人工智能，2018，31(11)：1047-1060.

[64] 郑文博，王坤峰，王飞跃. 基于贝叶斯生成对抗网络的背景消减算法[J]. 自动化学报，2018，44(5)：878-890.

[65] 王力，李敏，闫佳庆，等. 基于生成式对抗网络的路网交通流数据补全方法[J]. 交通运输系统工程与信息，2018，18(6)：63-71.

[66] 陈文兵，管正雄，陈允杰. 基于条件生成式对抗网络的数据增强方法[J]. 计算机应用，2018，38(11)：259-265.

[67] 刘宁，杨剑. 生成式对抗网络在抑郁症分类中的应用[J]. 计算机应用与软件，2018，35(6)：163-168+233.

[68] 李航. 统计学习方法[M]. 北京：清华大学出版社，2012.

[69] 张浩然，韩正之，李昌刚. 支持向量机[J]. 计算机科学，2002，29(12)：135-137+142.

[70] 周志华. 机器学习[M]. 北京：清华大学出版社，2016.

[71] 王万良，李卓蓉. 生成式对抗网络研究进展[J]. 通信学报，2018，39(2)：135-148.

[72] 侯祥林，胡英，李永强，等. 多层人工神经网络合理结构的确定方法[J]. 东北大学学报(自然科学版)，2003，24(1)：35-38.

[73] 刘耦耕，李圣清，肖强晖. 多层前馈人工神经网络结构研究[J]. 湖南师范大学自然科学学报，2004，27(1)：26-30.

[74] 高大启. 有教师的线性基本函数前向三层神经网络结构研究[J]. 电路与系统学报，1998，21(3)：31-3780-86.

[75] 李金洪. 深度学习之 TensorFlow：入门、原理与进阶实战[M]. 北京：机械工业出版社，2018.

[76] KUMAR S K . On weight initialization in deep neural networks[J/OL]. arXiv：1704.08863，2017. https：//arxiv.org/pdf/1704.08863.pdf.

[77] GLOROT X，BENGIO Y. Understanding the difficulty of training deep feed forward neural networks[J]. Journal of Machine Learning Research，2010，

9:249-256.

[78] HE K, ZHANG X, REN S, et al. Delving deep into rectifiers: surpassing human-level performance on imagenet classification[C]// 2015 IEEE International Conference on Computer Vision (ICCV). IEEE , 2016.

[79] RUDER S. An overview of gradient descent optimization algorithms [J/OL]. arXiv:1609.04747, 2016. https://arxiv.org/pdf/1609.04747.pdf.

[80] 张慧. 深度学习中优化算法的研究与改进[D]. 北京:北京邮电大学, 2018.

[81] GOODGELLOW I, BENGIO Y, COURVILLE A. Deep learning[M]. Cambridge: The MIT Press, 2016.

[82] NESTEROV Y. A method for unconstrained convex minimization problem with the rate of convergence $O(1/k^2)$[J]. Dokl AN SSSR, 1983, 269: 543-547.

[83] KINGMA D, BA J. Adam: a method for stochasticoptimization[J/OL]. arXiv:1412.6980, 2014. https://arxiv.org/abs/1412.6980.

[84] 程世辉, 卢翠英. 算法的时间复杂度分析[J]. 河南教育学院学报(自然科学版), 2007, 16(4):20-23.

[85] 刘怀愚, 朱昌杰, 李璟. 时间复杂度的几种计算方法[J]. 电脑知识与技术, 2011, 7(19):4636-4639.

[86] http://machinethink.net/blog/how-fast-is-my-model.

[87] https://blog.csdn.net/u014097230/article/details/53940383.

[88] JOYCE J M. Kullback-Leibler Divergence[M]// International Encyclopedia of Statistical Science. Heidelberg: Springer, 2011.

[89] LIN J. Divergence measures based on the shannon entropy[J]. IEEE transactions on information theory, 1991, 37(1):145-151.

[90]郭爽. 基于JS散度的结构损伤诊断方法研究[D]. 哈尔滨:哈尔滨工业大学, 2014.

[91] LIPMAN Y, PUENTE J, DAUBECHIES I. Conformal wasserstein distance: II. computational aspects and extensions[J]. Mathematics of compu-

tation，2013:82(281):331-381.

[92] https://www.tiobe.com/tiobe-index/Java.

[93] https://www.tiobe.com/tiobe-index/c.

[94] https://www.tiobe.com/tiobe-index/python.

[95] 罗霄，任勇，山秀明. 基于 Python 的混合语言编程及其实现[J]. 计算机应用与软件，2004，21(12):17-18+112.

[96] 史梦楚. Python 语言的探讨[J]. 中国新通信，2017，19(7):98.

[97] 熊立华，郭生练. L-矩在区域洪水频率分析中的应用[J]. 水力发电，2003，29(3):6-8.

第三篇

实测数据利用

大型调水工程由于距离长、沿线穿越的地质条件复杂，不得不修建众多的（包括高填方、深挖方、高地下水等）特殊渠段。其中膨胀土渠段在降雨、渗流、自重及外部荷载作用下极易发生滑坡，研究该类特殊渠段边坡的潜在失效模式及其稳定性对确保大型调水工程安全运行具有十分重要的意义。

通过可靠度方法研究边坡稳定性是比较好的定量分析方法，国内外常用的边坡可靠度分析方法（如一次二阶矩法）对于空间土性较为均匀、潜在失效模式较为单一的边坡有效，但对于高填方渠段这类具有多种潜在失效模式的边坡系统，该方法获得的失效概率将会小于所有可能滑动面的总体失效概率。为了系统性研究该类特殊渠道的边坡体系可靠度问题，本篇具体研究工作如下：

（1）通过分析国内外边坡系统可靠性的文献，探析高填方渠段典型建筑物的主要破坏机制及可能失效模式；阐述5种常用的边坡可靠度分析方法的特点，比较其异同，并进一步解释边坡体系可靠度的串、并联原理。

（2）阐述6种机器学习方法原理及统计学习方法的核心研究问题；通过推导SVR模型的回归函数解决非线性问题，相对于传统的多项式响应面函数具有更大的优势。

（3）阐述了拉丁超立方抽样法的原理、误差以及程序实现；简述了简化Bishop法求解安全系数的方法；研究了ABC算法的原理以及应用于SVR模型参数选择的基本步骤；最终用实际算例比较了FORM、传统MCS以及几种不同优化算法的SVR响应面的精度。

研究表明，支持向量回归法是一种分析高填方等典型特殊渠道边坡体系可靠度的有效方法，可为南水北调等大型调水工程的复杂渠道边坡稳定性分析提供新的思路。

第1章　概述

1.1　研究背景及意义

南水北调工程是我国修建的最大的长距离调水工程，其安全运行与否直接关系北方多地饮水安全，该工程分东中西三条线路，其中中线工程总干渠全长达到了 1 267 km，其中黄河以南 477 km，穿黄工程 10 km，黄河以北 780 km[1]。总干渠除存在各类复杂的地质条件外，还存在深挖方、高填方、高地下水位、膨胀土质等特殊渠段，而这些特殊渠段也成为了干渠安全运行与否的重点。不同渠段存在不同的破坏模式，其中滑坡风险是这些特殊渠段的主要风险。高填方渠中填方高度大于等于 6 m 的就长达 139.5 km，占干渠总长度的 11%，其中有的最大填方高度甚至达到了 25.5 m。高度过大本身就极易导致滑坡险情，更关键的是，长期风蚀雨淋对其失事几率的促进往往是渐进的、潜在的、长期的，美国工程界称之为"隐藏的灾害"[2]。由于结构参数及外荷的不确定性，采用确定性分析方法对具有复杂结构的大型调水工程安全进行分析总有些牵强。

可靠度分析可以从统计学角度定量计算出边坡失效概率。目前常用的边坡可靠度分析方法(如一次二阶矩法)对于空间土性均匀、潜在失效模式单一的边坡已被验证是卓有成效的。但对于高填方渠道这类土壤参数变异性高、失效模式复杂的特殊渠道，该方法计算出的临界滑动面失效概率往往小于所有潜在滑动面的失效概率，有时结果误差很大。因此对于高填方渠道，应采用其他合适的系统性可靠度分析方法，对所有滑动面的边坡可靠度求解，确保系统整体失效概率的准确性。

在边坡系统可靠度方面，目前主要有三类计算方法：界限估计法、蒙特卡罗模拟法以及近似计算方法。其中蒙特卡罗模拟法（Monte Carlo Simulation，以下简称 MCS）以其方法的简便、直观，成为了计算边坡可靠度的最直接方式之一，但因其在整个空间随机抽样，导致计算效率低下，就算采用改进的 MCS 方法进行计算仍存在算量大、耗时长的缺陷。响应面法作为直接改进 MCS 计算效率的一种方法[51]，已被证明对于普通边坡可靠度计算有效，但对于高填方渠道这类高度非线性问题，传统的多项式响应面难以准确逼近坡体失事的真实极限状态方程。近年来，随着计算机性能的发展，数据处理速度和存储容量都有了飞速的增长，MCS 法计算量大的缺陷得到有效改善。另一方面，机器学习的兴起也使响应面函数的构建出现新思路，如用机器学习智能算法处理传统响应面法中的非线性问题。

为此，本书拟将机器学习中的支持向量回归（Support Vector Regression，以下简称 SVR）模型应用于响应面法的边坡系统可靠度分析，并结合人工蜂群算法（Artificial Bee Colony，以下简称 ABC）和蒙特卡罗模拟法，建立基于智能响应面法的高填方渠道边坡系统可靠度模型。并结合南水北调中线某高填方渠段工程实例，验证模型的适用性及准确度，为高填方渠边坡系统可靠度的研究提供参考。

1.2 边坡系统可靠度研究进展

1.2.1 结构可靠度发展历程简述

Lotka[4] 和 Campbell[6] 利用更新理论，通过分析机械元件的可靠度计算元件更新周期；1947 年，Palm[7] 开始了机械修理元件的探索。工程安全可靠度方法始于上 20 世纪 30～40 年代前期。Cumbel[3]、Weibull[5]、Epstein[8] 等人将元件更新周期归纳为概率极值的计算问题，并成功计算出元件的疲劳寿命。这些探索虽然在当时引起了一小部分学者的关注[9]，但真正的可靠度研究直到上世纪 50 年代才开始蓬勃发展。二战结束后，可靠度研究组织如雨后春笋般纷纷兴起，如 1950 年问世的 Missile Reliability Committee Team，1952 年问世的 Electronic Equipment Reliability Advisory Group 等[10]。后者在 1957 年出版了具有开拓性质的 AGREE

报告(A Reliability of Military Electronic Equipment),第一次真正意义上建立了完整的结构可靠度分析方案,是结构体系可靠度分析中的第一座里程碑。

在20世纪60年代的可靠度第二次大发展中[11],世界第一次可靠性学术会议于1964年在匈牙利圆满举行,次年,国际可靠度技术委员会成立,这是结构体系可靠度分析中的第二座里程碑。

20世纪七、八十年代,可靠度分析方法开始由原来的武器、机械以及航空航天领域向全领域扩展[12]。Rasmussen等人将可靠度理论引入到原子能风险评估领域[13]。

至于边坡的结构可靠度,其最早是由Wu和Kraft引入到边坡稳定性分析中的[14]。1979年诺森布鲁斯开创性地提出了结构可靠度的概率矩点估计法,两年之后他又对该方法进行了系统性的总结完善[15]。这之后涌现了一大批学者(Evans、Zhou、Nowark、Harr、Li、Hong等)在取样点的设置、相关变量的预处理、具体积分求解方法以及概率分布线型选择等方面对该方法进行了改进。Li、Nguyen、Chowdhury、Mcguffey、Wolff和Har等人在1979年至1983点期间研究了边坡可靠度分析中的概率矩点估计法[16],并取得了一定进展,然而该方法理论分析过于简化,与真实结果相去甚远。对此,Baecher和Christian对该方法进行了严密推导,认为其数值计算方式能够严格收敛[15]。Priest、Brown、Kim、Nguyen、Chowdhury、Tobutt、Major等一批学者也于20世纪70年代末期将MCS方法应用于边坡可靠度分析中,但由于20世纪计算机的算力性能有限,而MCS通常又需要海量次数的模拟才能比较准确地逼近真实失效概率,因此该方法的应用受到一定程度的限制[15]。

20世纪70年代开始,我国将概率研究方法引入到水工结构设计中,并在当年施行的规范中明确阐述了半可靠度半经验方法(水准Ⅰ法)。在之后的10年里,我国开始了可靠度理论研究以及工程应用,并迅速产生了一大批可靠度研究成果。高大钊、祝玉学、王家臣、罗文强等系统性地梳理了当时边坡稳定性分析中的可靠度理论及应用[17-21]。包承纲则从边坡的风险分析层次引入了不同可靠度方法[22-23],强调了不仅要关注边坡失效概率,更需研究如何在边坡失效灾前评估其可能失效带来的一系列损失。刘宁致力于系统可靠度分析中随机有限元法的研究,并出版书籍详细介绍该方法的通用步骤[24]。苏永华专注于系统可靠度分析中的响应面法，并得出了一套先用 Excel 表格定性分析再用结构软件定量分析的通用方法[25]。谭晓慧则将边坡稳定性分析结合时下最流行的有限元法，对模型的计算效率以及迭代不能收敛的核心问题进行了深入探讨[26]。随着交叉科学的发展，近年来出现了诸如模糊可靠度分析[27-30]、神经网络等自适应可靠度分析[31,32]以及遗传算法可靠度分析等一系列新方法[33]。

1.2.2 高填方工程边坡变形及稳定性研究进展

因高填方体本身物理失效模式就极其复杂，又往往会叠加诸如膨胀土质、高地下水位等诸多不利工况，因此分析难度较大，预警准确度不高。对此，很多学者及工程师都从高填方体破坏物理成因、数学概率分析以及检测监测预防等各个方面进行综合研究，试图解决确定性方法的不足问题。[34]。

陈涛在考虑地震荷载的情况下，针对某山区机场中的高填方体边坡存在的变形、沉降及其稳定性进行了分析[35]。江平通过数学推导得出了一套针对高填方边坡的可靠度建模方法，并用实际案例验证了其模型的适配性[36]。张斌以多重分形理论为核心，结合相关研究分析了永安至漳平公路某工段的高填方路基变形问题，并计算出其系统可靠度[37]。朱龙昌归纳总结了高填方渠道的隐患形式、险工监测治理以及风险防范[38]。邓海政用 3 种不同的可靠度分析方法，计算了某高填方公路的可靠度，并比较得出其中最优异的稳定性系数[39]。杨婷采用不同于刚体极限平衡法的塑性变形分析方法，计算了该方法下边坡模型的变形稳定性[40]。

虽然近年来已有越来越多关于高填方体边坡稳定性的可靠度分析研究，但对于不同工况下的复杂高填方体边坡可靠度分析仍显不足，尤其是目前对于叠加不利工况下的研究更是稀少，因此仍需加强新理论和新方法在传统边坡可靠度分析中的应用，为高填方工程安全评估与预警提供理论依据。

另外一个问题就是多种失效模式问题。由于高填方边坡不仅可能存在滑动失稳，也可能存在渗透破坏；不仅一个部位存在失稳，也可能存在多个部位同时失稳。

针对这一问题，各类系统可靠度分析方法相继被提出。最初一些学者采用可靠性限制理论进行系统可靠性分析[41-45]，这些方法可以粗略预测系统故障概率的上限值和下限值。之后的一些学者则提出了新的方法以获得更准确的系统失效概率，例如：Griffiths 等人提出了基于有限元模型的蒙特卡罗模拟法[46]，Ching 等人则将重要性抽样技术应用于子集模拟中[47]。另一些学者基于识别大量潜在滑动面的代表性滑动面或破坏模式，研究了代表性滑动面系统可靠性分析方法[48-51]。

确定系统可靠性最直接的方法之一是蒙特卡罗模拟法[52]，但这种方法的缺点是计算工作量可能非常大，为了提高 MCS 的计算效率问题，一些学者研究了改进 MCS 的方法，其中被应用得最广泛的是响应面法（RSM）[53-56]。但是，除了 Zhang 的团队和 Kang 的团队，很少有其他学者研究如何证实 MCS 结合 RSM 对系统概率边坡稳定性评估问题的有效性[57,58]。

针对失效模式无显式表达式问题，在响应面法计算体系可靠度的研究中，传统的多项式响应面已被证明无法精确地逼近土质边坡系统可靠性分析的极限状态。对此，Vijayaraghavan 等人尝试引入了更灵活的智能计算方法来建立响应面[59]，其中由 Vapnik 开发的支持向量机（SVM）被研究和应用得较多[60]。

SVM 最初是为了解决模式识别问题而提出的，之后被扩展到解决非线性回归（SVR）估计问题。SVR 模型在各种预测领域表现出优异的性能，例如洪水预报[63]、电力负荷预测[64]等。Zhao 于 2008 年发表了 SVM 应用于边坡可靠性分析的文章[61]，Samui 等人研究了最小二乘支持向量机在边坡可靠度分析中的应用[62]。近年来，Kang 的团队开展了一系列基于 SVR 的响应面可靠度分析研究[58]。

SVR 的估计精度取决于超参数的正确设置，但目前该问题还未很好地解决[65]。借鉴于可以用进化算法来解决各种科学和工程优化问题[66,67]，一些学者引入遗传算法和粒子群优化（PSO）算法用于优化 SVM 参数[68]。

人工蜂群算法（ABC）[69]是最近开发的基于群体的新型全局优化技术。Kang 等人将 ABC 的性能与其他优化方法进行了比较，得出了 ABC 在信号处理、参数识别、聚类和岩土稳定性方面有更优异性能的结论[70,71]。Karaboga 等人则尝试将 ABC 算法应用于 SVR 模型的参数选择[69]。

1.3　本篇主要研究内容与技术路线

本篇技术路线如图 1.1 所示，主要工作包括：

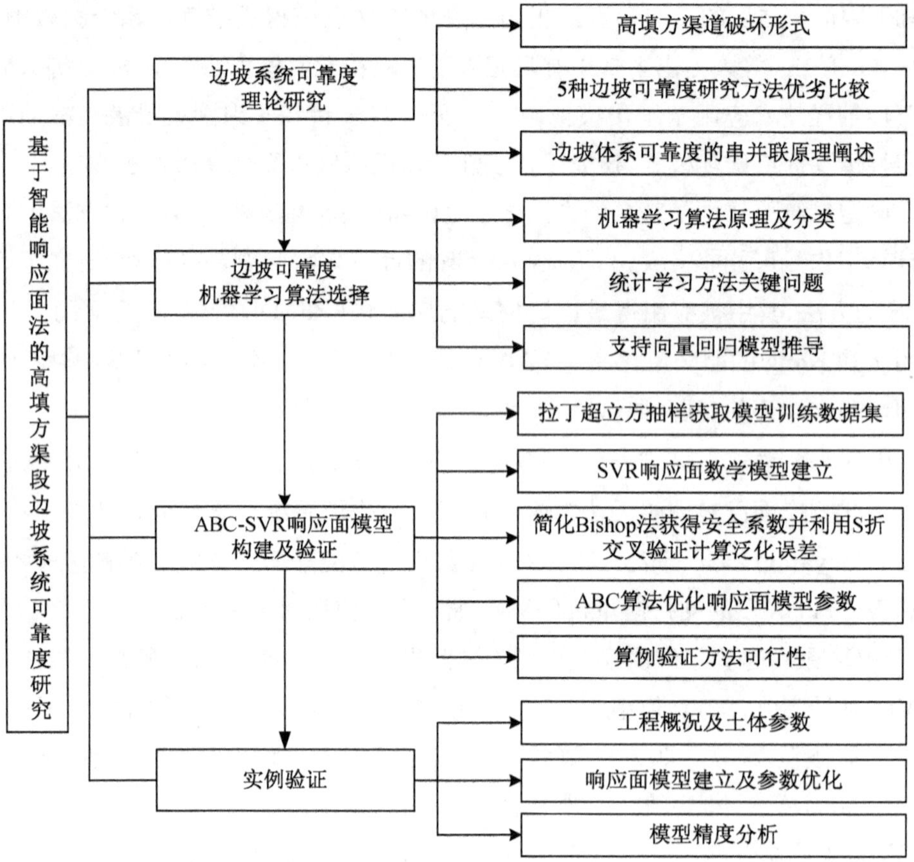

图 1.1　本篇主要技术路线

1）通过分析国内外边坡系统可靠性文献，探析高填方渠段典型建筑物的主要破坏机制及可能失效模式；阐述 5 种常用的边坡可靠度分析方法的特点，比较其异同，并进一步解释边坡体系可靠度的串、并联原理。

2）阐述 6 种机器学习方法原理及统计学习方法；通过推导 SVR 模型的回归模型，验证其能够解决非线性问题，从而论证其可以替换传统的多项式响应面函数。

3）阐述了拉丁超立方抽样法的原理、误差以及程序实现，简化 Bishop 法求解安全系数的方法，分析了 ABC 算法的原理以及应用于 SVR 模型参数选择的基本步骤，最终用实际算例比较了 FORM、传统 MCS 以及几种不同优化算法的 SVR 响应面的精度。

第 2 章　高填方渠道特点及边坡系统可靠度分析方法

2.1　高填方渠道边坡的特点及主要破坏形式

2.1.1　南水北调中线干线工程高填方渠道边坡特点

中线工程高填方渠道过水断面多采用混凝土衬砌，如果产生过大的沉降变形，易导致边坡衬砌面板出现较大的挠度、结构内力变化，造成面板结构破坏，严重的会产生面板断裂滑塌、内水外渗等状况，影响渠道工程的运行安全[72,73]。

另一方面，南水北调中线工程总干渠分布近 400 km 长的膨胀土(岩)段[74]，占了总干渠的 30% 左右[75]。膨胀土在长期干湿循环作用下土体产生很多裂隙，裂隙逐渐往深土层扩张，极易产生浅表层滑坡。之后随着浅表层土体开始失稳下滑和裂隙的逐渐深入，雨水渗入深部土层，在不同强度的土体交界面处容易发展形成土性极弱的软弱夹层[76]。因此，在渠坡开挖后，由于边坡应力不平衡，软弱滑动带位置处易出现大面积的滑坡[77]。

2.1.2　高填方渠道主要破坏机制及形式

1. 明渠的边坡失稳破坏有以下几种形式

1）滑坡破坏。该破坏指边坡内部的剪应力因外荷载和自身重量的双重作用，超过了土体能够承载的最大抗剪强度，从而导致部分坡体下滑，最后产生滑坡。

2）滑塌破坏。该破坏通常发生在大坡度渠道输水过程中，因边坡短时间内受到较大自然因素影响而出现化冻和崩坏，因其崩塌较剧烈，在一定程度上可视为滑坡的严重版本。

3）坍塌破坏。该破坏的产生机理不同于前两种破坏，多因土体本身内部存在的裂隙在长期的雨水侵蚀下进一步扩大，直至大型裂缝生成，土块失稳坍塌，破坏产生。

4）冲刷破坏。该破坏与坡度关联不强，多因渠道边坡本身土质疏松、植被稀疏、抗冲刷能力弱。在突发性、高强度降水的情况下，土体整体结构由表及里出现破坏。

2．对于高填方渠道边坡，其破坏类型如下

1）高填方渠道运行过程中，渠道基底以及背水侧坡可能会因渠道内水位过高而产生渗漏通道，进而引发整段渠坡的渗透崩坏。当这样的脆弱渠道边坡遇到较大过水量时，会因过大的孔隙水压力使土壤黏度急剧下降，从而出现大段的内部破坏。除此之外，脆弱边坡在长期干燥环境下突遇浸泡也会出现湿陷或沉降现象。

2）高填方渠道边坡因坡度大，其暴露在外的岩体部分在长期的风雨侵蚀下极易发生一定程度的滑落，这些滑落的碎石对边坡本身稳定性没有很大影响，但这些碎石在坡脚堆积至一定数量后，可能会产生坡脚的凹陷，进而引发整个边坡应力场变化，造成边坡变形失稳。

3）类似于普通边坡的滑坡破坏，高填方渠道边坡也可能出现边坡内部的剪应力因外荷载和自身重量的双重作用，超过了土体能够承载的最大抗剪强度，从而引发滑坡破坏。除此之外，因边坡坡度越大，边坡从局部滑动面的蠕动破坏变为全线滑坡的可能性也越大，失事时的破坏程度也更为严重。

4）类似于普通边坡的滑塌破坏，高填方渠道边坡在人类行为影响和自然荷载作用下时有滑塌破坏发生，其破坏表现形式为局部快速、剧烈的崩塌，因其一般发生较为迅速，比较难以防范。

5）类似于普通边坡的冲刷破坏，某些高填方渠道边坡土质疏松，抗冲刷能力弱，在突发性、高强度降水的情况下，其陡峭的坡面会使冲刷破坏概率明显增加。

2.2　边坡可靠度概念及分析方法

2.2.1　可靠度概念

结构体的可靠度是指结构体在预设条件下能够完成预设目标的概率，也指在预设时限内结构体不失效的概率。若设影响结构安全的变量为 X，则结构体的极限状态方程为 $g(X)=R(X)-S(X)$，$Z=g(X)$就被称为结构体功能函数。$g(X)<0$ 表示结构失效，所有该情况下的概率密度积分即为失效概率 P_f；反之表示结构安全，所有该情况下的概率密度积分即为稳定概率 P_r。设 R 和 S 独立，$f_R(r)$和$f_S(s)$分别为 R 和 S 的概率密度函数，则结构失效概率为：

$$P_f = \int_{+\infty}^{-\infty} f_s(s)\left[\int_{s}^{+\infty} f_R(r)\mathrm{d}r\right]\mathrm{d}s = \int_{+\infty}^{-\infty} f_R(r)\left[\int_{-\infty}^{r} f_S(s)\mathrm{d}s\right]\mathrm{d}r \qquad (2\text{-}1)$$

边坡可靠度分析的基本思路仍是构造合理的极限状态方程，并通过积分 $g(X)<0$ 情况下的概率密度获得失效概率，其原理示意如图 2.1 所示。大致步骤是首先将坡度、土体容重、内摩擦角、黏度、孔隙水压力、地震荷载等一系列影响边坡稳定性的参数作为随机变量，之后用刚体极限平衡法、响应面法或有限元法等可靠度分析方法建模，获得可靠的极限状态函数，最后积分 $g(X)<0$ 时得到的概率就是边坡的破坏概率 P_f：

$$P_f = \int_{g(x)\leqslant 0} f_x(x) \leqslant 0 \qquad (2\text{-}2)$$

式中 $g(x)$表示边坡极限状态函数，$f_x(x)$表示参数的联合概率密度。

由于边坡的极限状态函数通常是隐函数，其求解非常困难，因此学者们采用了很多简化方法进行计算。目前边坡的可靠度按极限状态函数求解方式不同，可大致分为估计法、解析法和模拟法三大类别，其中解析法因近年来计算机技术的迅猛发展而被广泛应用，是时下最通用的可靠度分析方法。解析法按极限状态函数构建以及可靠度系数计算方式不同又可分为一次二阶矩法、概率矩点估计法、响应面法、蒙特卡罗法以及随机有限元法，下面对各方法的原理及优劣进行简述。

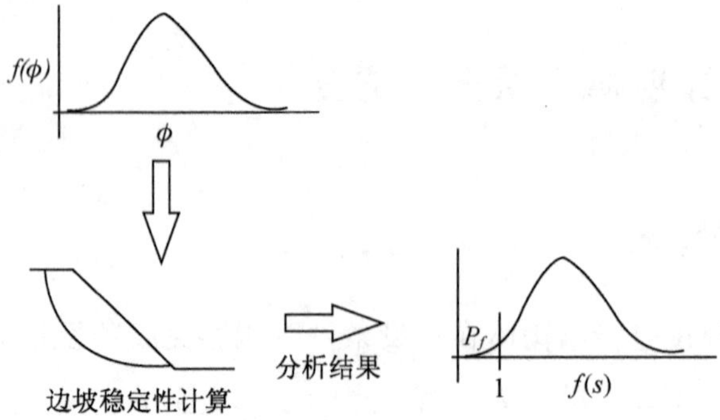

图 2.1 边坡可靠度分析基本原理

2.2.2 一次二阶矩法

一次二阶矩方法(FOSM)是一种将极限状态函数用泰勒级数线性化的可靠度计算方法。目前按展开点的不同可分为中心点法(MFOSM)以及验算点法(FORM,亦称 JC 法),下面进行阐述。

1. 中心点法

在现实情况中参数变量的实际概率分布类型难以获得,但其平均值和方差往往不难计算。中心点法顾名思义,选择极限状态函数展开点为其均值,通过泰勒展开后取线性项,然后近似计算原函数的均值和方差,最后以极限状态函数的通过率比值表示可靠度。大致原理如下:

设边坡的极限状态函数为:$z = g(x_i)(i = 1,2,3,\cdots\cdots)$。$x_i(i = 1,2,3,\cdots,n)$ 是 n 个相互独立的随机变量,其平均值为 $\mu_{xi}(i = 1,2,3,\cdots n)$,标准差为 $\sigma_{xi}(i = 1,2,3,\cdots,n)$。

z 在其均值处泰勒展开后略去二次以上的项,得:

$$z \approx g(\mu_{x1},\mu_{x2},\cdots,\mu_{xn}) + \sum_{i=1}^{n}\left(\frac{\partial g}{\partial x_i} \mid \mu\right)(X_i - \mu_{xi}) \tag{2-3}$$

式中 $\left.\frac{\partial g}{\partial x_i}\right|\mu$ 为极限状态函数对参数变量的偏导,因 $g(x)$ 多为隐函数,该项难以求

解，故采用下式的差分进行近似计算：

$$\frac{\partial g}{\partial x_i} \approx \frac{\Delta g}{\Delta x} = \frac{G^{+} - G^{-}}{2\sigma_{xi}} \tag{2-4}$$

式中，G^{+}、G^{-}依次表示 x_i 在 $+\sigma_{xi}$ 和 $-\sigma_{xi}$ 处的函数值。

将式(2-4)代入式(2-3)可得 z 的均值和方差为：

$$\mu_z \approx g(\mu_{x1}, \mu_{x2}, \cdots, \mu_{xn}) \tag{2-5}$$

$$\sigma_z^2 \approx \left[\sum_{i=1}^{n} \left(\frac{\partial g}{\partial x_i} \bigg| \mu \right) \sigma_{xi} \right]^2 \tag{2-6}$$

相应的可靠指标为：

$$\beta = \frac{\mu_{xi}}{\sigma_{xi}} = \frac{g(\mu_{x1}, \mu_{x2}, \cdots, \mu_{xn})}{\sqrt{\left[\sum_{i=1}^{n} \left(\frac{\partial g}{\partial x_i} \bigg| \mu \right) \sigma_{xi} \right]^2}} \tag{2-7}$$

2. 验算点法

中心点法虽然计算十分简便，但其未考虑实际参数变量的概率分布，因此计算出的可靠度精度太低。为解决这一问题，Hasofer 和 Lind 提出了一种先将参数变量进行统一正态化处理再进行类似中心点法计算的可靠度分析方法，即验算点法(FORM)。这种方法因适用性强、计算速度快、精度较高，在各国可靠度规范中被广泛应用，也被国际可靠度联合委员会(JC-SS)推荐，因此亦称 JC 法。

FORM 法的公式推导较为复杂，其核心思路就是通过参数变量的正态化，将中心点法中的安全系数求解问题，转化为标准化变量空间内原点至极限状态函数面最短距离的求解问题，该方法可用几何求解思路直观显示，如图 2.2 所示。

1）相较于传统的中心点法，FORM 法优点如下：

① 由于考虑了参数变量的概率分布类型，因此计算精度得以提高。

② 适用任意参数分布下的边坡可靠度计算，适用性强。

③ 有固定计算步骤，且精确度通常能满足要求，计算速度也很快，因此易于推广。

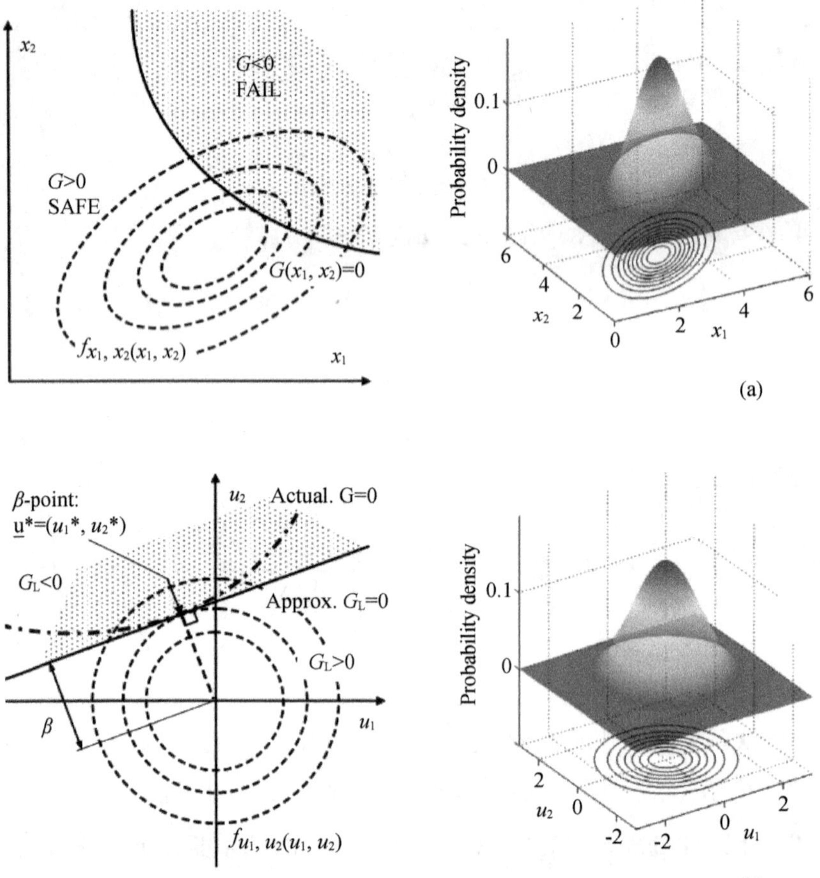

图 2.2 (a)相关正态变量的可靠度分析 (b)FORM 法求解

2）但是该方法相较其他可靠度解析方法仍存在以下不足

① 本质仍是一次二阶矩法的线性求解思路，对于高填方这类极限状态函数高度非线性化的特殊边坡，求解精度难以保证。

② 正态化求解过程中计算的是预设滑动面的极值问题，而非所有失效模式中的最值问题，可能会造成求得临界滑动面破坏概率小于所有潜在滑动面破坏概率的情况。

2.2.3　概率矩点估计法

该方法于1975年由诺森布鲁斯(Rosenblueth)提出，并于1981年得到完善，因此该方法又称Rosenblueth点估计法。该方法不同于前文所述的一次二阶矩法，是由于它在参数变量概率分布未知的情况下，转而利用变量的统计参数来近似表达真实极限状态函数的参数的概率矩，进而得到结构的可靠指标或失效概率。

仅以双参数变量的边坡可靠度计算为例，设两个参数变量满足$Y=f(X_1,X_2)$的概率密度分布，则概率矩点估计法用下式计算其均值为μ_y和方差σ_y^2。

$$\begin{cases}\mu_y = E[y] = P_{++}Y_{++} + P_{+-}Y_{+-} + P_{-+}Y_{-+} + P_{--}Y_{--} \\ \sigma_y^2 = E\{[y-E(y)]^2\} = P_{++}Y_{++}^2 + P_{+-}Y_{+-}^2 + P_{-+}Y_{-+}^2 + P_{--}Y_{--}^2\end{cases} \tag{2-8}$$

$$\begin{cases}P_{++} = P_{--} = 0.25(1.0 + \gamma x_1 x_2) \\ P_{+-} = P_{-+} = 0.25(1.0 - \gamma x_1 x_2) \\ Y_{++} = f(x_1^+, x_2^+), Y_{+-} = f(x_1^+, x_2^-) \\ x_1^+ = \mu_{x_1} + \sigma_{x_1}, x_2^+ = \mu_{x_2} + \sigma_{x_2}\end{cases} \tag{2-9}$$

$$x_1^- = \mu_{x_1} - \sigma_{x_1}$$

$$x_2^- = \mu_{x_2} - \sigma_{x_2}$$

式中：$\gamma_{x_1x_2}$为随机变量X_1和X_2的相关系数；若X_1和X_2相互独立，则满足：$\gamma_{x_1x_2}=0$，$P_{++}=P_{--}=P_{+-}=P_{-+}=0.25$。

因此，对于功能函数定义为$Z=(X_1,X_2)$的情形，可靠指标可近似按$\beta=\mu_z/\sigma_z$计算，其取点权重如图2.3所示。

概率矩点估计法相较于其他可靠度分析方法存在如下优势：

1）相较于一次二阶矩法，该方法在精度近似的情况下，计算更为简单。

2）该方法适用于所有参数变量概率分布的情况，适用性强。

3）相较于蒙特卡罗法，该方法计算次数大大减少，计算效率高。

该方法局限性最突出的就是在求解三阶或以上概率矩的时候复杂繁琐，因此实际应用中远不如FORM法普及和广泛。

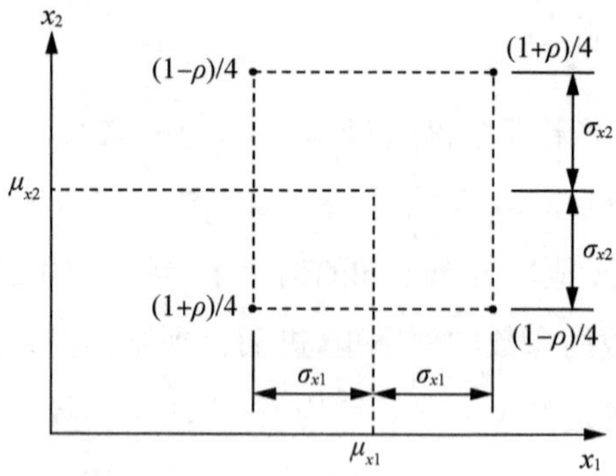

图 2.3　双变量情况下的取点和权重

2.2.4　响应面法

1951 年，Wilson 和 Box 针对复杂工程中极限状态隐函数及其难以求解的问题，提出了一种用多项式近似极限状态隐函数求解可靠度的计算方法，即响应面法。该方法由于考虑了实际参数变量的空间变异性，且易于与传统刚体极限平衡法或蒙特卡罗法相结合，因此一经提出就获得了很多学者的关注，至今仍是研究复杂结构可靠度的有效方法之一。该方法求解流程思路如图 2.4 所示，大致求解步骤如下：

对 n 个参数变量的极限状态隐函数，响应面法一般采用式(2-10)二次多项式代替原极限状态函数 $g(x)$：

$$G(x)=l+\sum_{i=1}^{n}m_i x_i+\sum_{i=1}^{n}k_i x_i^2 \tag{2-10}$$

其中 l、m_i、$k_i(i=1,2,\cdots,n)$均为待定系数，需通过下述步骤求解：

1）确定初始点：选择诸如参数均值的点作为初始计算点。

2）确定样本点：对某参数变量进行均值 μ_{xi} 附近一定采样范围的抽样（例如 $\mu_{xi}\pm3\sigma_{xi}$ 抽样范围）；之后用极限平衡法或其他数值模拟方法进行 $2n+1$ 次边坡稳定性计算，得到 $2n+1$ 个样本点及相应的安全系数。

3）计算待定系数：把计算结果代入上面的响应面函数，得到待定系数 l、m_i、k_i

$(i=1,2,\cdots,n)$。

4）求解可靠度指标：利用蒙特卡罗法或一次二阶矩法，计算失效概率或可靠度指标。

对于普通渠道边坡，式(2-10)的多项式响应面函数通常能比较好地逼近真实的极限状态隐函数，但对于高填方渠道这类特殊渠道，传统多项式响应面无法准确逼近真实的高度非线性极限状态函数，而响应面函数的准确与否是影响该方法预测的安全系数精度的最关键因素，因此很多学者开始构造其他类型的响应面函数，以期解决该类问题。

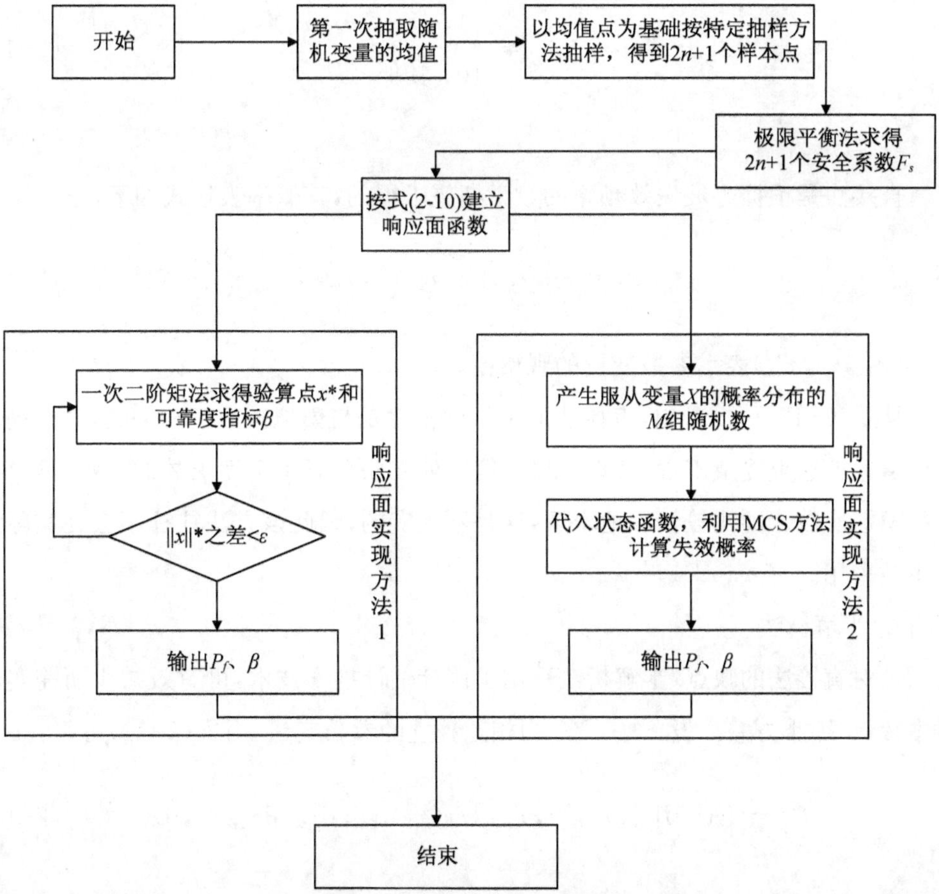

图 2.4　响应面法求解流程图

响应面法的最大优点是非常易于与其他方法结合，能够解决复杂边坡的可靠度计算问题。本篇所采用的支撑向量回归(SVR)响应面函数正是一种对非线性函数拟合效果很好的回归函数，后文会具体阐述该方法。

2.2.5 蒙特卡罗法

目前蒙特卡罗法主要包括直接法、平均值法和半解析法(数值方法)3类。下面仅阐述使用最多的直接法以及半解析法。

首先引入指标函数 I：

$$I[g(x_1,\cdots,x_m)]=\begin{cases}1,\ g(x_1,\cdots,x_m)<0\\0,\ 其他\end{cases}\tag{2-11}$$

1. 直接法

直接法是根据边坡失效频率的数学期望求得的，其概率表达式如下：

$$P_f=\frac{1}{N}\sum_{i=1}^{N}I[g(x_1,\cdots,x_m)]\tag{2-12}$$

式中$(x_{1i},\cdots,x_{mi})$表示参数变量的观察值。

从式(2-12)可以看出，直接法的可靠度精度是与模拟次数正相关的，对于高填方渠道边坡这类复杂工程，其失事概率往往处在联合概率密度函数的尾端，需要海量的模拟次数才能比较精确地求解，这是不现实的，因此该方法往往不会在实际工程中被采用。

2. 半解析法

针对直接法的缺点，半解析法采用了统计估计抽样技术，可有效减少所需实际样本数量，缩小方差。设 x_1、…、x_m 为相互独立的参数变量，由式(2-11)可得：

$$P_f=\int\Lambda\int\{I[g(x_1,\cdots,x_m)]f_1(x_1)\Lambda f_m(x_m)\mathrm{d}x_1,\cdots,\mathrm{d}x_m\tag{2-13}$$

由 $g(x_1,\cdots,x_m)\leqslant 0$，总有[24]：

$$x_j\leqslant g,(x_1,\cdots,x_{j-1}x_{j+1},\cdots,x_m)\tag{2-14}$$

令 $P_f^* = \int \{ I[g(x_1, \cdots, x_m)] f_{xj}(x_j) \mathrm{d}x_j$，并将式(2-13)代入，可得：

$$P_f = \frac{1}{N} \sum_{i=1}^{N} P_{fi}^* \tag{2-15}$$

半解析法大大减少了统计抽样次数以及样本方差，且减小的部分方差恰好是由 X_j 抽样引发的，因此该法相较于直接法精度显著提高。

除了上述方法外，近年来由于计算机技术的发展，传统蒙特卡罗法中算量过大的缺点得以弥补，因此越来越多的学者开始将机器学习的各类训练方式结合 *MC* 法应用于结构可靠度计算中。

2.2.6　随机有限元法

随机有限元法属于有限元数值分析方法的一种，因在传统有限元法的基础上引入了随机场理论，因此亦可称为概率有限元法。随机有限元法按其控制方程的求解方法不同可大致分为摄动法随机有限元(PSFEM)、泰勒展开法随机有限元(TSFEM)以及 MC 法随机有限元(NSFEM)等。

NSFEM 是将传统有限元法与蒙特卡罗法相结合，先利用大量抽样产生的虚拟样本模拟真实情况下随机变量的概率特征，之后再对每个样本进行有限元分析，从而得到系统整体有限元分析的失效概率。NSFEM 与 PSFEM 和 TSFEM 相比，考虑了土体参数的变异性，在样本容量较大时，能够获得更高的计算精度。但其缺点也十分明显，因每个样本点都需进行有限元分析，计算量过大，计算效率相对低下。

总体来说，当土体参数变量的变异系数未超过 0.2 时，一阶 TSFEM、NSFEM 和一阶 PSFEM 有相似的准确度，但当变异系数超过 0.2 时，一阶的 TSFEM 和 PSFEM 均无法满足实际工程的精度要求。此时若仍想使用随机有限元法，只能选择 NSFEM 或高阶 TEFEM、PSFEM，但后两者此时的计算效率低。

高填方渠道边坡土体参数变异性大，且 NSFEM 对于非线性有限元问题的分析效率不足，因此随机有限元法也不太适合用于分析此类特殊渠道边坡可靠度。

2.3 边坡体系可靠度及其数学模型

2.3.1 基本概念

1. 串并联系统定义

若一个边坡中所有的结构均失效，该边坡系统才出现功能性破坏，则该边坡系统为并联边坡系统。反之若一个边坡中有一个结构失效，该边坡系统就出现功能性破坏，则为串联边坡系统。

2. 实际边坡系统构成

在实际工程中的渠道边坡往往是由若干个物理参数相似的土块构成。在可靠度分析中，每一个土块的破坏都可以近似看成一个失效模式，而这些失效模式中任一模式的破坏都会造成边坡系统的失效，因此可将边坡系统看成是若干土层的串联系统。

另一方面，在边坡可靠度分析时，每个土层又由众多采样点构成，由于结构的自我调整能力和应力重分布能力，若将每个采样点当成一个单元，则当某一土层内部的所有样本点均失效时，该土层才会失效，因此每个土层的失效模式又可理解为由众多单元组成的并联系统。

由此，边坡系统的可靠度即可认为是由众多失效单元组成的并联系统再串联组成的串联系统。相应的边坡体系可靠度计算也就转化为并联系统组成的串联系统的可靠度计算问题。在串并联系统的划分中体现了结构多尺度特性和复杂性。图 2.5 显示了一般边坡系统的组成方式，下面浅析串联、并联系统可靠度计算方法。

2.3.2 串联系统可靠度

如前文所述，边坡内部任一失效模式的失效都会导致边坡串联系统破坏，因此该系统失效概率表示为下式：

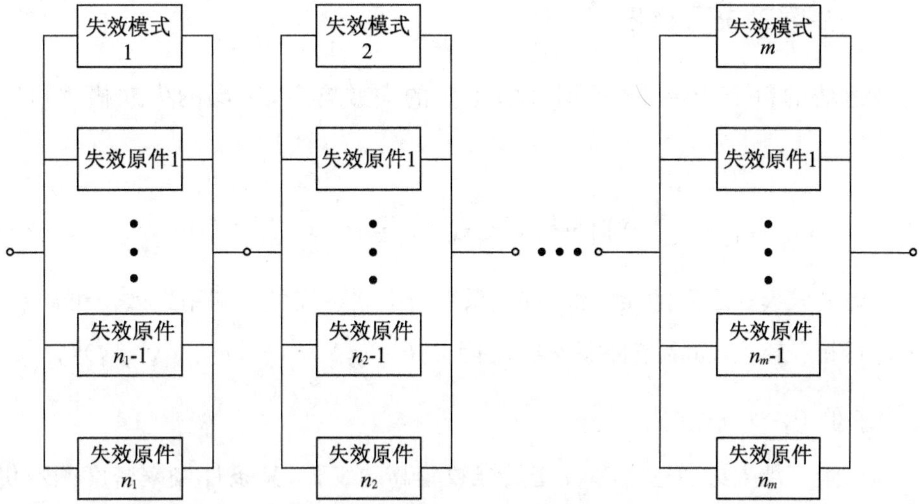

图 2.5　边坡系统组成示意图

$$P_f = P_f(g_1 \leqslant 0 \cup g_2 \leqslant 0 \cup \cdots \cup g_m \leqslant 0) = P_f(\bigcup_{i=1}^{m} g_i \leqslant 0) \tag{2-16}$$

式中 $f(x_1, x_2, \cdots, x_m)$ 是 m 维参数变量的联合概率密度分布函数。

由于失效模式众多，高维直接积分求解比较困难，因此实际计算中多将原极限状态函数 $g_i = 0(i=1,2,\cdots m)$ 用线性化后的状态函数代替，即下式：

$$\overline{g_i}(X) = a_i^T X + b_i \tag{2-17}$$

式中，$X=(X_1, X_2, \cdots, X_n)^T$ 为 n 个参数变量组成的向量；a_i、b_i 表示常系数列向量。每个失效模式的点可靠 β_i 可由极限平衡法、有限元法、半解析法等点可靠度计算方法求得。

相应的边坡系统破坏概率 P_f 可近似表示为：

$$P_f \approx P_f(\overline{g_1} \leqslant 0 \cup \overline{g_2} \leqslant 0 \cup \cdots \cup \overline{g_m} \leqslant 0) = P_f(\bigcup_{i=1}^{m} \overline{g_i} \leqslant 0) \tag{2-18}$$

式(2-18)的计算主要有蒙特卡罗法、近似计算法以及界限估计法等方法，具体步骤参见相关文献[24]。

2.3.3 并联系统可靠度

在边坡的每个土层中，根据并联系统的失效含义，土层的失效概率可写为下式：

$$P_f = P_f(g_1 \leqslant 0 \cap g_2 \leqslant 0 \cap \cdots \cap g_m \leqslant 0) = P_f(\bigcap_{i=1}^{m} g_i \leqslant 0) \tag{2-19}$$

考虑失效模式之间的相关性，并联系统与串联系统可以利用失效与可靠互补，原理进行相互转换，可由条件概率密度函数 $P_f(g_j \leqslant 0 \mid g_1, g_2, \cdots, g_{j-1})(j=1,2,\cdots,m)$求出 $P_f(\overset{m}{\underset{i=1}{I}} g_i \leqslant 0)$。

但对于高填方渠道这类参数变量维数较高的工程，其条件概率密度函数仍难以求解。Chou 对于简单的二维以及三维正态参数给出了条件概率密度公式[80]，但目前对于维数更高的情况，条件概率仍非常难以确定。

2.3.4 复杂系统可靠度

对于串联、并联掺杂的复杂系统，MC 法计算量过大难以直接使用，界限估计法对于很多概率参数要求定值表示，因此在实际工程中大多数情况下仍使用简单的近似计算法计算高填方渠道这类复杂边坡的系统可靠度。正如前文所述，边坡系统可视为具有并联子系统的串联系统，系统可靠度区间可用下式估计[24]：

$$\begin{aligned} \max_{\cap}(\prod_{j} P_{fij}) &\leqslant \max_{i}[P(\bigcap_{j} g_{ij} \leqslant 0)] \bigcup_{j} g_{ij} \leqslant 0 \leqslant P(\bigcap_{i}\bigcup_{j} g_{ij} \leqslant 0) \\ &\leqslant \sum_{i} P(\bigcap_{j} g_{ij} \leqslant 0) \leqslant \sum_{i} \min_{j}[P(g_{ij} \leqslant 0)] \end{aligned} \tag{2-20}$$

需指出的是，上式只是概率学理论上成立的估计公式，对于实际工程需要，可灵活采用本章 2.2 节所述的各类系统可靠度分析方法进行分析。

2.3.5 边坡体系可靠度研究

结合前文已述的体系可靠度概念，边坡可被看作是具有许多潜在破坏模式或滑移面的系统，甚至可能存在有无限多个滑动面。而目前的边坡可靠度分析中通常计算的是某个确定临界滑动面的可靠指标或破坏概率，如传统的条分法就将边坡视为均匀土条进行分割，求解各安全系数进行比较，二次二阶矩法（SORM）也只能得到概率临界滑动面的可靠度指标。这可能会导致求得临界滑动面的失效概率小于考虑所有潜在可能滑动面失效概率的情况。

因此应将边坡的破坏看作一个体系来考虑，目前的研究认为边坡系统总的失效概率可表达为式(2-16)，即先选出一些代表性的滑动面，将每个代表性滑动面的失效模式串联成边坡的体系失效模式。此外，因为边坡不同，代表滑动面的变异参数可能高度相关。存在几个滑动面共同决定破坏概率的情况，而且代表性滑动面的选取尚无统一的指导原则，因此边坡体系的可靠度问题还需进一步研究。

第 3 章　可靠度分析中的机器学习方法

正如第 2 章所述，边坡可靠度分析中的关键问题是确定边坡破坏的极限状态函数 $f(x)$，并尽量解决因其多为隐函数而导致的求解困难的问题。目前，采用响应面法，以响应面函数代替极限状态隐函数就是隐函数显示化的一种有效方法。

对于高填方渠道这类的复杂渠段，第 2 章中的传统二次多项式响应面函数已很难满足实际工程的精度要求。近年来人工智能的飞速进步使越来越多的学者将神经网络、支持向量机等智能算法引入到响应面函数的构建中，同时由于计算机技术的发展，传统蒙特卡罗法中算量过大的缺点亦得以弥补，二者的结合致使机器学习训练方式及 MC 法共同应用于结构可靠度计算中成为可能。

3.1　机器学习原理及分类

3.1.1　机器学习一般原理

机器学习是通过搭建一定的网络模型或代数模型，通过与实测数据的训练，优化网络结构，依据梯度算法等获取模型参数，从而实现对实测数据的特征提取、分类、预测和决策等目的的过程。

对于可靠度分析这类预测问题，在物理成因机制不明确的情况下，输入变量值与极限状态函数输出值之间的联合概率分布 $F(x,y)$ 未知，但可认为二者之间存在某种固定的条件概率分布 $F(y|x)$。机器学习就是通过大量训练的方式，模拟出输入与输出之间可能存在的条件概率分布或函数关系，从而得到逼近真实函数的联

合概率分布。

设存在 n 个独立同分布的样本点：

$$(x_1, y_1), \cdots, (x_n, y_n) \tag{3-1}$$

机器学习的目的就是在一系列预测函数集 $f(x, \alpha)$，$\alpha \in \Lambda$（Λ 是参数集合）中训练出一个最优化 f，使得 f 的风险泛函 R 达到最小值。R 可写为下式：

$$R(w) = \int L[y, f(x, w)] \mathrm{d}F(x, y) \tag{3-2}$$

式中，w 为 f 的广义参数，$L[y, f(x, w)]$ 为损失函数。则可靠度分析问题转化为回归函数 $L[y, f(x, w)] = [y - f(x, w)]^2$ 的无偏估计问题。

3.1.2　经验风险最小化

在实际工程中，边坡的联合概率分布 $F(x, y)$ 未知，而样本数据量又十分有限，因此根据式(3-2)求出风险泛函 R 非常困难。对此，机器学习引入了经验风险的概念，通过经验风险最小化 R_{emp} 求解最小风险泛函：

$$R_{emp}(w) = \frac{1}{n} \sum_{i=1}^{n} L[y_i, f(x_i, w)] \tag{3-3}$$

当采样数量足够多时，式(3-3)求出的最小经验风险很接近式(3-2)求出的实际最小风险，但当采样数量不够充足时，这两者往往会产生比较大的误差。除此之外，当样本数量过小致使模型无法充分学习或模型设计不合理时，会产生诸如统计学习中欠拟合或过拟合的问题，使机器学习模型的推广能力大大下降。

3.1.3　机器学习分类

目前对于机器学习算法分类尚未形成公认的方式。但根据训练数据集标记与否，大致可划分为监督学习、半监督学习和无监督学习两大类，前者多用于分类和回归，而后者则多用于聚类。

按照机器学习的网络结构、策略或网络层数不同，目前的机器学习方法也可大致分为以下几类：

1. 神经网络

1943 年麦卡洛克和皮特斯提出了一种利用大量简易的处理单元，组成复杂网络结构，模拟生物神经系统对数据信息进行学习的方法。该方法即为神经元网络算法(Neural Networks,NN)，其中的处理单元被称为神经元。神经网络相较于其他机器学习算法，具有分布式存储、大规模并行以及自适应能力强的特点，因此对于多参数、非线性、信息模糊的问题具有比较好的适用性，是时下最热门的深度学习算法的基础之一。

(1) 浅层学习

浅层学习可追溯至 20 世纪 20 年代末，当时基于人工神经网络的反向 BP 传播算法的问世掀起了一股机器学习的狂潮。浅层模型正是由于以前的多层网络训练难度大，很多当年的学习算法只含有一层隐含层而得名。

(2) 深度学习

在浅层学习的基础上，通过增加池化层、卷积层等，同时扩大网络节点数和网络层数，即形成深度学习。目前深度学习在模式识别等领域得到很大发展，典型方法有累积神经网络、递归神经网络、长短时记忆等。

2. 归纳学习

归纳学习是符号学习的一种，其基本的学习策略是从较大量的训练集中归纳出研究人员所需的一般规则。归纳学习因其依赖于历史数据及数据集间的相似性，因此又被称为经验学习(Empirical Learning)或基于相似性学习(Similarity Based Learning)。现阶段归纳学习主要研究分类问题，其算法按信息检索方式的不同又可分为决策树算法和模块化的规则归纳算法。

3. 统计学习

统计学习理论是针对一般统计方法要求样本趋于无穷的假设和神经网络的过拟合问题而提出的，其主要研究内容包括：经验风险最小化函数学习问题的表示、经验风险最小化一致性的充分必要条件和非渐近界、小样本条件下的泛化能力的可控性、实值函数估计的支持向量机(Support Vector Machine,SVM)方法、求解多维积分方程的直接学习方法以及经验风险最小化原则的扩展等。因统计学习方法和规划问题具有很多相同的理论基础及处理方法，近年来在 SVM 的理论基础上，很多学者利用统计方法将学习问题转化为规划问题进行求解。本章之后会重点分析统计学习在边坡可靠度研究中的应用。

4. 强化学习

强化学习本质上是与监督学习和无监督学习相对的机器学习方式，该种学习方法是利用试错的核心思路，通过环境对模型的反馈确定学习策略，最终目标是达到模型的最大累计奖赏。

强化学习模型分为4个基本要素：环境、奖赏、动作以及状态。环境顾名思义，指真实的样本抽样状态；奖赏表示第 t 个时间步骤返回的奖励值，用以指导动作；动作指预测函数收到每一次奖赏后进行的调整，用于更新 agent 的状态；状态即指当前时间步骤下某预测变量的实时位置。

强化学习的最终目标是通过每次奖赏反馈后的策略调整，使模型达到最大累计奖赏，一般用下式的值函数 $V^{\pi}(s)$ 描述每次策略 π 的好坏。设初始状态为 $s_0=s$，则值函数可表示为[81]：

$$V^{\pi}(s)=\sum_{t=0}^{\infty}\gamma^{t}r(s_t,a_t)\mid s_0=s,a_t=\pi(s_t) \tag{3-4}$$

式中 $y\in(0,1)$ 为衰减因子。最大化累计奖赏可用最大化 $V^{\pi}(s)$ 表示，即下式：

$$\pi^{*}=\arg\max_{\pi}V^{\pi}(s) \tag{3-5}$$

每一次状态函数的更新可定义为下式：

$$Q^{\pi}(s_t,a_t)=r(s_t,a_t)+\gamma V^{\pi}(s_{t+1}) \tag{3-6}$$

则最优策略即为最大化下式：

$$\pi^{*}=\arg\max_{a\in A}Q^{\pi}(s,a) \tag{3-7}$$

5. 迁移学习

迁移学习理论目前主要研究以下两个问题：

1）迁移进行的条件：即什么条件下通过原始数据集能够训练出足够精度的目标函数分类器。

2）迁移学习的误差控制：对于输入的无标参数变量或少标参数变量，能否在模型训练后使输出结果与含有大量标记的原始数据相吻合或误差最小。

目前迁移学习的研究仍主要放在领域的适应性学习方面，对于回归问题的分析应用较少。

3.2 统计学习方法

3.2.1 重要概念

1. VC 维及推广能力的界

1971 年，统计学习教父 Vapnik 和 Chervonenlcis 合作，第一次明确提出了 VC 维的概念，认为 VC 维可直观表述统计学习模型中函数集的复杂程度和容量大小，VC 维越大则模型的学习能力越强。

VC 维的基本定义是：假设存在一个含有 $VC=h$ 的函数空间，若该空间内的所有函数集刚好能被 h 个样本点按所有可能的形式分开，则称该空间可以将 h 个样本点打散（h 也指函数空间能够打散的最大样本点数量），记为 $dvc(h)$。若一个函数空间无论多少个样本点，均能打散他们，则该函数空间的 VC 维视为无穷大，记为 $dvc(h)$＝无穷大。VC 维与学习的具体算法以及参数变量的概率分布无关，与所求目标函数也无关，只表示模型和假设空间的复杂程度。

泛化误差界与 VC 维一样，均是统计学习理论中的核心概念之一，对于一个分类器，其真实风险通常可分为置信风险和经验风险两部分，置信风险表示对训练完的分类器在真实场景下的可信程度，经验风险则表示该分类器在训练集上的误差。泛化误差界其实就是对某一分类模型真实风险的估量，它通常有如下关系：

$$R(w) \leqslant R_{emp}(w) + \varphi(h/n) \tag{3-8}$$

式中：$R(w)$ 为分类器真实风险，$R_{emp}(w)$ 为经验风险，$\varphi(h/n)$ 为置信风险，h/n 表示函数集 VC 维与样本数量的比值。

2. 结构风险最小化

1974 年，Vapnik 又针对经验风险最小化问题提出了结构风险最小化。在传统机器学习的经验风险最小化中，为使实际风险泛函 $R(w)$ 最小，需要让置信以及经验风险同时达到最小化，这对于使用者的模型结构调整技巧有着极高的要求，比较难实现。

为此，统计学习理论应用了结构风险最小化(SRM)的策略，其基本步骤是先将函数集按 VC 维的值分为一些函数子集，之后将各函数子集按 VC 维大小排序，选择其中置信范围和经验风险之和最小的子集，最后选择该函数子集中最小化经验风险的函数。最小化结构风险策略的原理如图 3.1 所示。

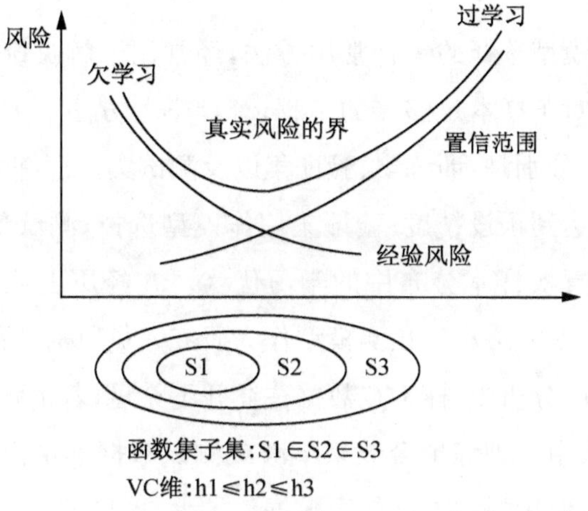

图 3.1　结构风险最小化策略原理示意图

3.2.2　基本方法

1. 正则化

统计学习模型实现结构风险最小化策略的方法，是在经验风险项之后加入正则化项(罚项)，以防止预测函数出现过拟合问题。正则化项的大小一般与模型复杂度有关，模型越复杂，正则化项也越大。

正则化项的定义一般可由下式表达：

$$\min_{f\in F}\frac{1}{N}\sum_{i=1}^{N}L[y_i,f(x_i)]+\lambda J(f) \tag{3-9}$$

式中：$\frac{1}{N}\sum_{i=1}^{N}L(y_i,f(x_i))$ 为模型的经验风险，$J(f)$为正则化项，$\lambda \geqslant 0$ 为调整系数。

正则化项可以有很多形式，在对于结构可靠度求解这类回归问题时，因损失函数为二次函数，因此正则化项选用参数变量向量的 L_2 范数：

$$L(w)=\frac{1}{N}\sum_{i=1}^{N}L\left[f(x_i;w)-y_i\right]^2+\frac{\lambda}{2}\ \|w\|^2 \tag{3-10}$$

其中，$\|w\|^2$ 为参数向量 w 的 L_2 范数。

2. 交叉验证

交叉验证作为模型选择的一种常用方法，经常用于解决统计学习中样本数据不够充分的问题。对于样本足够多的工程，统计学习方法一般将原始数据集划分为大小不一的 3 块，分别是：训练集、验证集以及测试集。训练集用作模型训练，直至模型在训练集中达到预设精度；验证集用作模型选择；测试集则类似真实环境，作为衡量该模型在真实样本分布中的学习优劣。在经历上述 3 个数据集的学习后，最终选择验证集误差最小的预测模型作为研究人员所需的预测模型。

但在边坡可靠度分析中，样本点数据往往并不充足，若仍强行划分上述 3 个数据集，则可能会造成由于训练拟合效果不够或测试数据不足而导致的失真分布问题。对此，通过重复使用样本数据使原数据集扩大，再将扩大后的数据集切分组合为训练集与测试集，成为一种新的模型选择方法，该方法即为交叉验证法。

交叉验证法按其数据集的划分方式不同可分为：简单交叉验证、留一交叉验证以及 S 折交叉验证等。

3.3 支持向量机法

支持向量机(SVM)采用结构风险最小化策略，能保证模型的良好泛化性能，因此多被用于解决分类和回归问题。SVM 对于样本数量小、非线性程度高、维数众多的局部极值问题有比较高的精度，而复杂边坡可靠度分析正是一种非线性、较高维数、局部极值的研究问题，因此理论上该方法对于边坡可靠度分析具有良好的适用性。

支持向量机的构建可认为是最优分类超平面的求解过程，其求解过程正包含前文所述的 VC 维以及正则化，下面进行具体阐述。

3.3.1 最优超平面构建

1. 最优超平面的概念

若某超平面能使所有待分类的变量按其间最大间隔分割，则称其为最优超平面。设存在一线性可分的数据集 $(x_i, y_i), i=1,\cdots,n, x_i \in R^m, y_i \in \{+1,-1\}$。该数据集在样本空间内能被超平面 $(w \cdot x)+b=0$ 成功划分，且满足离该超平面距离最近的样本点至超平面的间隔最大化，则这些样本点向量被称为支持向量，该超平面被称为最优超平面。

分类超平面一般可用下式表达：

$$y_i[(w \cdot x)+b]-1 \geqslant 0(i=1,\cdots,n) \tag{3-11}$$

相应的最优超平面即为最小化下式：

$$\varphi(w)=\|w\|^2 \tag{3-12}$$

假定所有样本点均分布在半径为 R 的球状样本空间内，则使 $\|w\|=\Delta$ 的所有超平面的 VC 维 h 满足下式：

$$h \leqslant \min([R_2\Delta^2], N)+1 \tag{3-13}$$

上述推导可证明结构风险最小化过程中的置信范围最小问题，其实就是 VC 维界限的最小化问题。

2. 最优超平面的构建方法

在所有样本数据可被超平面线性分割时，最优超平面的求解问题可转化为下式的凸二次规划问题：

$$\text{Min } \varphi(w)=\|w\|^2$$

$$\text{St} \quad y_i[(w \cdot x)+b]-1 \geqslant 1,\ i=1,\cdots,l \tag{3-14}$$

利用拉格朗日乘子法，将上式化成对偶问题求解，即：

$$\text{Max} \quad Q(\alpha) = \sum_{i=1}^{n}\alpha_i - \frac{1}{2}\sum_{i,j=1}^{n}\alpha_i\alpha_j y_i y_j (x_i x_j)$$
$$\text{s. t.} \quad \sum_{i=1}^{n} y_i\alpha_i = 0(\alpha_i \geqslant 0, i = 1,2,\cdots,n) \tag{3-15}$$

式中：α_i是拉格朗日乘子，$\alpha_i \neq 0$ 的样本向量即为支持向量。

设 $\alpha_0 = (\alpha_1^0,\cdots,\alpha_n^0)$ 为式(3-14)的最终解，则最优超平面与之相应的向量模可表示为下式：

$$\| w_0 \|^2 = 2W(\alpha_0) = \sum_{\text{支持向量}} \alpha_i^0\alpha_j^0(x_i \cdot x_j)y_i y_j \tag{3-16}$$

最优超平面最终表达式可写为：

$$f(x) = \text{sgn}\{(w_0 \cdot x) - b\} = sgn\{\sum_{\text{支持向量}} \alpha_i^0 y_i (x_i \cdot x) - b_0\} \tag{3-17}$$

式中：x_i即为所有离超平面最近的支持向量；$a_i{}^0$为支持向量相应的拉格朗日系数；b_0为阈值系数，控制最短距离大小。

在所有样本数据不可全部被超平面线性分割时，引入某变量 $\xi_i \geqslant 0$ 作为松弛因子，则式(3-14)变为：

$$\text{Min}\ \varphi(w) = \| w \|^2 + C(\sum_{i=1}^{n}\xi_i)(i = 1,2,\cdots,n)$$
$$\text{s. t.}\ \ y_i[(w \cdot x_i) + b] - 1 + \xi_i \geqslant 1(i = 1,\cdots,n) \tag{3-18}$$

式中：$C>0$ 为正则化罚函数参数，用于控制惩罚程度。C 随经验风险所占真实风险的比重增大而增大，当 C 趋于无穷大时，模型的最优策略由结构风险最小化退化为经验风险最小化。

3.3.2 支持向量机结构

支持向量机求解的核心思想是将低维度难以直接求解的非线性为题，先通过核函数变换到某一高维空间中，再在高维空间中利用最优超平面思路近似线性求解[82]，这样既保证了原始参数变量之间的非线性关系，又易于计算。SVM 的结构如图 3.2 所示。

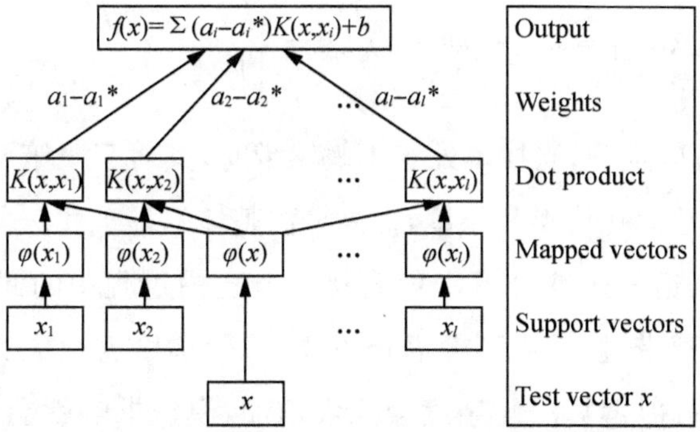

图 3.2　SVM 结构示意图

目前支持向量机中最常用的核函数有以下三类：

(1) 多项式核函数

$$K(x,x_i)=[(x\cdot x_i)+1]^q \tag{3-19}$$

(2) 径向基核函数(RBF)

$$K(x,x_i)=\exp(-\frac{|x\cdot x_i|^2}{\sigma^2}) \tag{3-20}$$

(3) Sigmoid 核函数

$$K(x,x_i)=\tanh[\nu(x,x_i)+c] \tag{3-21}$$

3.3.3　支持向量回归模型

SVM 通常用于分类问题，在将其方法推广到求解回归问题后，该模型又被称为支持向量回归模型(SVR)。SVR 相较于 SVM 最大的特点是使用了不敏感损失参数 ε 来描述回归向量之间的不敏感带大小，下面进行具体阐述。

1. 不敏感损失参数 ε

对一个给定的正数 ε，若 SVR 模型的预测值与真实值之差小于 ε，则认为此时预测完全准确，函数损失为 0，反之则不为 0。ε 即控制该不敏感带大小的参数，被称为不敏感损失参数，可用下式表示：

$$L[y,f(x,a)]=|y-f(x,a)|_g=\begin{cases}0, & |y-f(x,a)|\leqslant\varepsilon\\ |y-f(x,a)|-\varepsilon, & \text{其他}\end{cases} \tag{3-22}$$

由 ε 的定义可以发现，当样本处于不敏感带时，其对于决策函数不产生任何影响，从而可以相应地简化模型复杂度，提高算法整体的稀疏性。

对于高填方渠道的边坡分析，ε 值直接影响建模过程中的回归向量数量，若 ε 设置过大，则不敏感带过大，模型考虑样本少，拟合精度就会失真；若 ε 设置过小，拟合精度虽然会提高，但算法复杂度会大大增加，模型求解就会十分困难，难以推广。因此在手动调参困难的情况下，采用智能算法优化选择是重中之重。

2. SVR 模型结构

与 SVM 类似，用 $f(x)=wx+b$ 超平面对线性分类数据拟合，除用式(3-22)的不敏感损失参数 ε 外，额外引入松弛因子 $\xi_i\geqslant 0,\xi_i^*\geqslant 0$，用以描述函数的拟合误差，拟合方程可写为下式：

$$\begin{cases}wx_i+b-y_i\leqslant\varepsilon+\xi_i\\ y_i-wx_i-b\leqslant\varepsilon+\xi_i^*\end{cases} \tag{3-23}$$

相应的 SVR 模型结构风险最小化策略表达为下式：

$$\min\left[\frac{1}{2}\|w\|^2+C\sum_{i=1}^{k}(\xi_i+\xi_i^*)\right] \tag{3-24}$$

式中，$C>0$ 仍为正则化罚函数参数，只不过在 SVR 中，C 只调节不敏感带以外的样本点惩罚程度。

与 SVM 类似，仍用拉格朗日对偶方法对其求解：

$$\begin{aligned}&\sum_{i=1}^{n}(\alpha_i-\alpha_i^*)(\alpha_j^*-\alpha_j)(x_i\cdot x_j)\\&+\sum_{i=1}^{k}y_i(\alpha_i^*-\alpha_i)-\varepsilon\sum_{i=1}^{k}(\alpha_i^*+\alpha_i)\end{aligned} \tag{3-25}$$

则最终得到的回归函数为：

$$f(x)=(w\cdot x)+b=\sum_{i=1}^{k}(\alpha_i-\alpha_i^*)(x_i\cdot x)+b^* \tag{3-26}$$

式中的 α_i,α_i^* 类似支持向量,在回归问题中表示参数值变化较大的样本点,被称为回归向量。

第 4 章　基于 ABC-SVR 边坡体系可靠度分析

本章提出了一种以拉丁超立方抽样方法获取训练样本，以简化 Bishop 法得到安全系数进行验证，以 ABC 算法优化模型参数的可靠度模型，并归纳出建立 ABC-SVR 响应面的通用步骤，最后用实际算例比较了 FORM、传统 MCS 以及几种不同优化算法的 SVR 响应面的精度，对该模型的准确性和易用度进行了分析检验。

4.1　模型训练数据集的获取

样本的获取是模型参数确定的前提和基础。随机抽样方法是一种最直观的产生训练集和测试集的抽样方法，但随机抽样多关注参数变量概率分布的均值，对于可靠度分析这类概率分布函数尾端的极端情况，为使数值模拟精度达到要求，随机抽样往往需要海量次数的模拟才能完整代表整个数据空间。

此外，MC 法易于与响应面法结合，且以往计算量过大的缺点也因计算机技术的发展而得以弥补，但其极值问题的精度仍受抽样次数的影响。为有效降低 MC 法的计算方差，很多抽样方法被提出，例如：对偶变数法、相关抽样法、系统抽样法、重要性抽样法以及分层抽样法等。

本章选择拉丁超立方抽样方法生成训练数据集样本，该方法属于分层抽样方法，能有效降低抽样次数、改进抽样效率、显示小样本量的极值分布规律，下面进行具体阐述。

4.1.1　拉丁超立方抽样

1. 拉丁超立方抽样法原理

1979 年，McKay 的团队提出了拉丁超立方抽样方法（LHS），该方法将样本等概率分为 n 层，每次抽取每层中的一个随机样本，二维拉丁超立方抽样基本原理如图 4.1所示。LHS 流程步骤如下：

1）定义每次抽样的样本数目 N；

2）把每一次训练集的样本点输入分为等概率的 N 列，$x_{i0} < x_{i1} < x_{i2} < \cdots < x_{in} < \cdots < x_{iN}$，即 $P(x_{in} < x < x_{in+1}) = \dfrac{1}{N}$；

3）每次抽样随机抽取每一列中的一个样本。

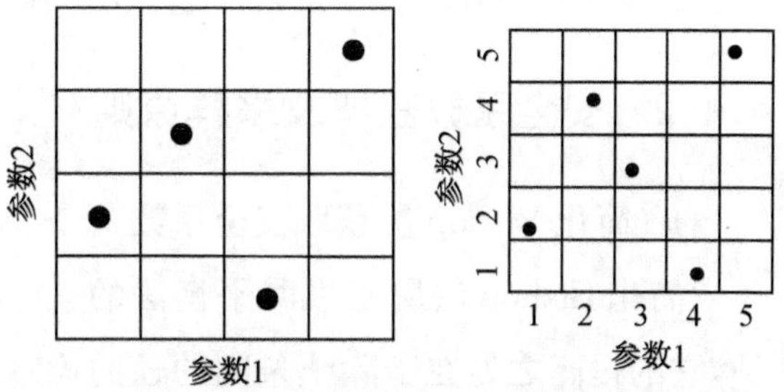

图 4.1　二维拉丁超立方抽样示意图

（4 样本问题（左）、5 样本问题（右））

2. 抽样误差分析

拉丁超立方抽样的均值估计可用下式表示：

$$\overline{y} = \frac{1}{N}\sum_{n=1}^{N} f(x^n) \tag{4-1}$$

理论上基于拉丁超立方抽样的 MC 法与随机抽样的 MC 法求得的均值估计均是式（4-1），但在实际工程中，应用拉丁超立方抽样法的计算误差往往会得到明显改善。至于标准误差，二者分别为：

$$\begin{aligned} &\text{MC: } E[(\overline{y} - \mu_y)^2] = \frac{1}{N}\sum a_i^2 \sigma_{x_i}^2 = \frac{1}{N}\sigma_y^2 \\ &\text{LHS: } E[(\overline{y} - \mu_y)^2] = \frac{1}{N^3}\sum a_i^2 \sigma_{x_i}^2 = \frac{1}{N^3}\sigma_y^2 \end{aligned} \tag{4-2}$$

即：$\dfrac{\text{拉丁超立方抽样求得的标准误差}}{\text{随机抽样求得的标准误差}} = \dfrac{1}{N^2}$

由上式可知，在同样精度情况下，拉丁超立方抽样可大大减少所需样本数量。

3. 拉丁超立方抽样的程序实现

目前对于小样本量的数值分析问题，多用 Matlab 编写程序计算。Matlab 除具备高效的数值和符号计算能力，其语言对用户友好，库函数齐备完整，出图功能更是丰富，因此受到研究人员的青睐。

本书也使用 Matlab 进行拉丁超立方抽样，其基本步骤如下：

1）计算各个参数变量的统计特征，并将其正态化；

2）利用 Matlab 自带的拉丁超立法抽样指令进行抽样，代码如篇末附件所示。

4.1.2 安全系数获取及采样原则

1. 简化 Bishop 法获取安全系数

简化 Bishop 法属于极限平衡法的一种，它的提高之处在于除土条间的径向应力外还考虑了水平力作用，因此实际精度相较于古老的瑞典条分法更准确。因此目前的边坡可靠度分析研究中，多采用简化 Bishop 法计算圆弧画面可靠度，并已有相关研究证明该方法的结果是严格刚体极限平衡的。

本书也使用简化 Bishop 法获取每个样本点的安全系数，其计算简图如图 4.2 所示。简化 Bishop 法的安全系数公式如下：

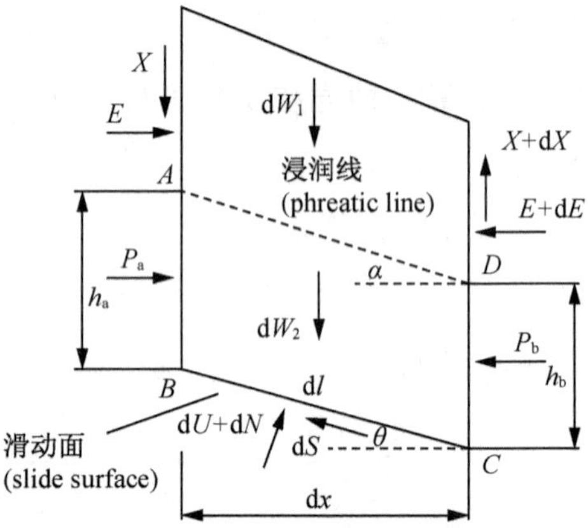

图 4.2 土质边坡土条单元体计算简图

$$K=\frac{\int_x \frac{1}{m}[c\mathrm{d}x+(\mathrm{d}W-\mathrm{d}U_1)\tan\varphi]}{\int_x \frac{1}{m}\mathrm{d}W\sin\theta} \tag{4-3}$$

式中：K 为边坡安全系数，$\frac{1}{m}$ 为土壤容重，c 为土体粘聚力，ψ 为内摩擦角，$\mathrm{d}W$ 为土条重力微元，θ 为滑动面倾角。

2. 实验的采样大小

迄今为止，仍然没有确定采样量的精确准则。在大多数情况下，用于边坡可靠度分析的总训练数据量仍是随意确定的。然而原则上，精确建立极限状态函数所需的采样点数量取决于随机变量的数量和所求问题的非线性程度。

Loeppky 等人在无正式理论指导下通过实验证明，有效的初始运行次数至少应该是输入维度的 10 倍。Silvestrini 等人也通过实验发现设计性能在 $10D$ 和 $15D$ 之间没有显著变化。因此关于建模样本容量 N，根据已有的边坡系统可靠度分析问题研究，本书认为 $N=15D$ 可以得到较好的结果。

4.2　SVR 回归函数

支持向量回归(SVR)通过引入替代损失函数，成为解决回归问题的强大技术。SVR 基于将原始数据 x 映射到高维特征空间并求解线性回归的想法，遵循结构风险最小化原则，而不是经验风险最小化原则。这意味着 SVR 寻求最小化泛化误差的上限而不是最小化训练集上的预测误差。

因边坡可靠度分析多为高度非线性问题，传统的多项式核函数不能很好地模拟，而 Sigmoid 核函数需确定的参数又比径向基核函数的参数要多，因此本书核函数选择径向基函数：

$$K(x_i, x_j) = \exp(-\gamma \parallel x \cdot x_i \parallel^2) \tag{4-4}$$

式中 γ 为核参数。这样建立的 RBF 核只有一个参数需要确定，且带有 RBF 核的 SVR 表现出优异的非线性预测性能。

相应的，对于非线性问题的求解，需经过核函数映射到高维空间转成线性问题求解，相应的式(3-26)的回归函数变为：

$$f(x) = \sum_{i=1}^{k} (\alpha_i - \alpha_i^*) K(x_i \cdot x) + b^* \tag{4-5}$$

式中 K 即为式(4-4)的径向基函数。该回归函数即作为本书可靠度分析的响应面函数。

可以认为 $(\alpha_i - \alpha_i^*) \neq 0$ 的样本点是支持向量，用于确定决策函数。因此最终有三个需确定的参数，即 C、γ 和 ε。

4.3 模型训练与参数优化

4.3.1 ABC 人工蜂群算法

人工蜂群(ABC)算法是一种基于仿生的优化算法，受到蜜蜂觅食行为的启发[71]。在 ABC 算法中，有三种类型的蜜蜂：雇佣蜜蜂、旁观者和侦察军。它们食物来源的位置代表了优化问题的可能解决方案，并且食物来源的供应质量对应于相关解决方案的质量(适应性)。雇佣蜜蜂数量等于旁观者的数量，也等于食物来源的数量。任何在一定周期内无法进一步改善的食物来源都会被侦察蜂替换为新的食物来源。

开始时，初始种群包含随机生成的 NS 个解决方案，其中 $NS=NP/2$，表示食物来源的数量，其值等于使用的蜜蜂数量。NP 是种群规模。每个解决方案 $u_i(i=1,2,\cdots,NS)$都是一个 D 维向量。蜜蜂根据一些特定规则执行循环搜索。

在一次搜索之后，为了更新可行的解决方案，每个受雇的蜜蜂选择上一次选择的食物来源的临近食物来源，作为新的候选食物来源位置。新的候选解决方案 v_i 由旧的解决方案 u_i按如下关系产生：

$$v_{ij} = u_{ij} + \theta_{ij}(u_{ij} - u_{kj}) \tag{4-6}$$

式中 $k\in\{1,2,K,NS\}$、$j\in\{1,2,K,n\}$，二者皆是随机索引得到；k 值必须不同于 i 值；θ_{ij} 在均匀分布的随机数范围$(-1,1)$之间。

候选解决方案与旧解决方案进行比较。如果新食物来源的质量等于或高于先前食物来源的质量，则旧食物来源将被新食物来源替换。否则保留旧的食物来源，受雇的蜜蜂回到它们的蜂巢，并与旁观者蜜蜂分享它们找到的食物来源的信息。

在下一步骤中，每个旁观者蜜蜂根据食物质量选择一个食物来源。由旁观者蜜蜂选择的食物来源的概率 p_i 可以被计算为：

$$p_i = fit_i / \sum_{j=1}^{NS} fit_j \tag{4-7}$$

式中，fit_i表示食物来源 i 的食物质量(fitness value of food source)，这与食物来源的目标函数值有关。

fit_i按下列函数进行计算：

$$fit_i = \begin{cases} \dfrac{1}{1+f_i}, f_i \geqslant 0 \\ 1 + abs(f_i), f_i < 0 \end{cases} \tag{4-8}$$

随着食物源的适合度增加，旁观者蜜蜂选择食物源的概率增加。在选择食物来源之后，每个旁观者蜜蜂在所选择的食物源附近找到新的候选食物来源。候选食物来源可以通过式(4-6)计算。通过评估候选食物来源的适合度，新的食物来源可以依据需求程度被评价并选择。

如果在一个限定的循环内，选择无法进一步被改善优化，则假定该食物源被放弃。相对应的蜜蜂成为一名侦察员，且该食物来源被一个新的食物来源取代。在每个迭代周期中迭代次数为研究人员预设的次数。如果废弃的食物来源是 x_i，那么侦察兵会按下列规则发现一个新的食物来源：

$$u_{ij} = u_{j\min} + rand(0,1)(u_{j\max} - u_{j\min}) \tag{4-9}$$

式中：$u_{j\min}$和 $u_{j\max}$表示变量 u_{ij} 的下限和上限；$rand(0,1)$表示在(0,1)范围内均匀分布的随机数。

最后，一直重复该过程，直到目标函数的输出达到定义的阈值或迭代次数等于预定义的最大循环次数，则算法结束。

4.3.2　基于 ABC 的 SVR 模型参数优化

SVR 模型的参数选择会极大地影响预测结果，不适当的参数会导致过拟合不足或过拟合。因此，选择最优超参数是 SVR 设计中的重要步骤。参数包括正则化函数参数 C、控制 RBF 核函数带宽的参数 γ 以及不敏感损失函数参数 ε。因手动调参对使用者要求极高，现今多用智能算法优化参数。

参数优化一般以泛化误差衡量优化好坏，对本模型来说，参数优化即找出使模型泛化误差最小的3参数组合方式。至于泛化误差的估计方式，有单一验证法、留一法、交叉验证法等很多种，本章选用 S 折交叉验证进行误差估计。

S 折交叉验证首先将可用数据集划分为训练集和测试集，然后将训练数据进一步随机分成 S 个不同的大小相等的子集 $\{G_s, s=1, K, S\}$。使用其中的 $(S-1)$ 个子集训练 SVR 预测模型，并在遗漏的子集上进行验证。该过程重复 S 次，使每个 S 子集依次作为验证子集。平均 S 次试验中的误差均值即可作为预测的泛化误差。在 S 折交叉验证中，S 的典型值通常设为5或10。在本章中，S 设定为5，这意味着采用五重交叉验证进行训练。

至于找出使模型泛化误差最小的3参数组合方式，本章拟采用 ABC 算法进行参数优化。在 ABC 中，要优化的参数值被食物来源所表示。某一种食物来源可以表示为 $u=\{u_1, u_2, u_3\}$，其中 u_1，u_2 和 u_3 分别表示参数 C、γ 以及 ε 的对数 $\log_{10}C$，$\log_{10}\gamma$ 和 $\log_{10}\varepsilon$，该种编码方法能够提供更稳定的优化方式。

在 ABC 算法中，解决方案 u 的目标函数值是根据使用训练数据的交叉验证的均方误差(MSE)来计算的：

$$f_u = \text{MSE}_u = \frac{1}{l}\sum_{s=1}^{S}\sum_{i\in G_s}\{y_i - f(x_i) \mid u\} \tag{4-10}$$

式中：l 为训练样本数；S 为交叉验证的子集数量；G_s 表示第 s 个用于验证的子集；y_i 为目标值；$f(x_i)|u$ 表示当 SVR 超参数设置为 u 时，SVR 模型的预测值。

ABC 优化 SVR 模型的主要步骤总结如下：

1）在初始化中，生成 NS 个初始食物来源并通过 S 折交叉验证评估它们。之后使用包含三个元素的向量来表征每个食物来源：$u_i = (\log_{10}C_i, \log_{10}\gamma_i, \log_{10}\xi_i)$；

2）在雇用蜜蜂阶段，根据式(4-6)生成用于选择的备选方案 v_i，并通过 S 折交叉验证评估它们，然后通过食物来源合适度评估确定受雇蜜蜂的新解决方案；

3）在旁观者蜜蜂阶段，先通过式(4-6)生成用于选择的备选方案 v_i。之后让旁观者蜜蜂根据式(4-7)进行概率计算，最后评估它们的食物质量并确定谁成为旁观者的新解决方案；

4）在侦察蜜蜂阶段，如果有一个废弃的侦察解决方案，则根据方程式(4-9)将其替换为新的解决方案；

5）记住迄今为止取得的最佳解决方案；

6）重复步骤 2 到 5，直到满足预设的终止条件。

4.4 基于 MCS 的 ABC-SVR 响应面法

由于二次多项式不能精确地近似具有高非线性的极限状态，因此，本书建议使用更贴近真实极限状态函数的非线性形式 SVR 模型，进行特殊渠道边坡可靠度分析。同时为解决 SVR 模型中参数选择对预测结果精度的影响，选择使用 ABC 算法对 SVR 模型参数进行优化。该种基于 ABC-SVR 响应面的 MCS 方法对土坡的系统可靠性分析描述步骤如下(技术路线图如图 4.3 所示)：

1）定义问题，指定土坡可靠度分析的变量及其概率特征，并定义极限状态函数；

2）使用拉丁超立方采样生成样本点，以获得适当的训练样本点，并对均匀分布的测试样本点进行统一设计；

3）构建 SVR 的数据集(数据集中的样本由样本点 x_i 及其对应的安全因子 y_i 组成)；

4）建立基于 ABC-SVR 的响应面，使用 ABC 优化具有五重交叉验证的 SVR 超参数，并基于步骤 2)和 3)中获得的数据集使用这些参数建立 SVR 响应面；

5）根据 ABC-SVR 响应面，使用 MCS 分析方法计算边坡体系可靠度。

4.5 算例验证

用引用文献[47]中所述的算例进行验证，该算例是一个两层黏土组成的斜坡。斜坡的几何形状如图 4.4 所示，土壤参数如表 4.1 所示。变量 x 的变异系数(COV)按 σ_x/μ_x 进行计算，图中标出了两个可能失效的代表性滑动面。

本算例初始输入维度为 2，因此建模样本数为 $N=15$、$D=30$，对于正态分布参数，样本点生成区间选择为($\mu_x-3\sigma_x$，$\mu_x+3\sigma_x$)，测试集样本个数取 20。

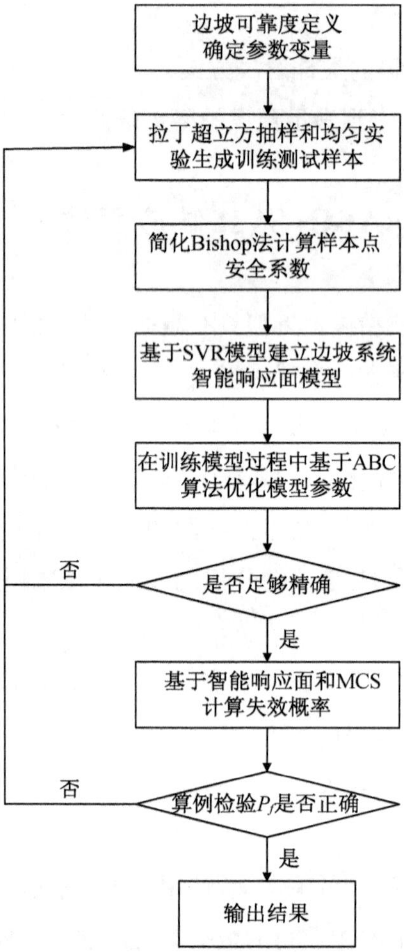

图 4.3　基于 ABC-SVR 响应面法的渠道边坡系统可靠度分析步骤

在基于 ABC 算法的模型参数优化中，初始群体规模设置为 $NP=20$，最大迭代次数为 100，食物适应度考察限制为 $\text{limit}=(NP/2)\times D=10\times 2=20$，每个优化问题运行 20 次，选择 5 折交叉验证法验证。

SVR 模型的参数优化搜索区间为：

$$\log_{10}^{C}\in[0,4]$$

$$\log_{10}^{\gamma}\in[-2,2]$$

$$\log_{10}^{\varepsilon}\in[-4,0]$$

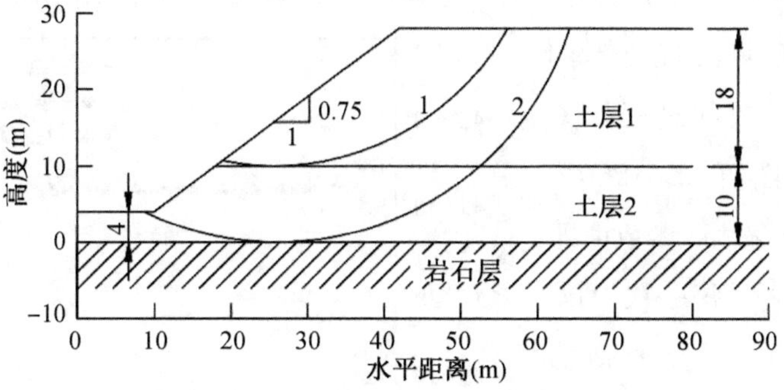

图 4.4 粘性土边坡几何坡面图算例[47]

表 4.1 算例土壤参数[47]

土层编号	土壤容重 $\gamma/(\mathrm{kN/m^3})$	不排水剪强度		
		均值	变异系数	分布类型
1	19	120	0.3	对数正态
2	19	160	0.3	对数正态

表 4.2 中给出了使用三种不同智能优化算法选择 SVR 参数后的模型预测结果。从中可以看出网格搜索(GS)需要比粒子群优化(PSO)和 ABC 更多的运行时间以实现相近的准确度。因此 GS 法不被认为是有效率的调参方法。

表 4.2 交叉验证准确度及耗时

优化算法类型	均方误差均值(MSE)	标准差均值(Standard deviation)	耗时(s)
GS	4.69×10^{-4}	—	716.27
PSO(NP=20)	4.19×10^{-4}	7.52×10^{-6}	120.83
PSO(NP=30)	4.17×10^{-4}	1.02×10^{-5}	153.73
ABC(NP=20)	4.22×10^{-4}	4.59×10^{-6}	56.69
ABC(NP=30)	4.20×10^{-4}	3.12×10^{-6}	112.24

在 NP=20 和 NP=30 的情况下,PSO 和 ABC 优化算法的精确度及其相近,相差不超过 0.5%,但 ABC 的耗时相较于 PSO 的耗时,节省了 30%以上,效率无疑更高。所

以综合来看，ABC优化算法可认为是选择适当SVR模型超参数的最有效算法。

用于ABC算法优化算例中SVR参数的收敛过程如图4.5所示。由图可知，ABC算法大约迭代10次后，参数值即趋于稳定，且之后每一次ABC算法运行都可以获得相似的MSE值。参数的最终优化结果为：$[C,\gamma,\varepsilon]=[100.46, 0.968\,4, 0.006\,3]$。

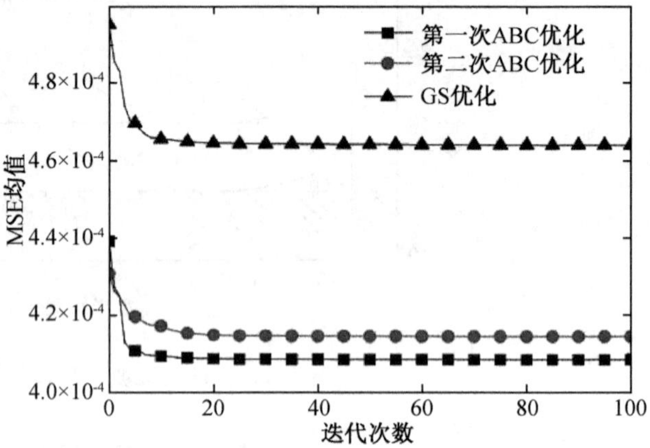

图4.5　ABC算法优化SVR参数迭代过程

用简化Bishop法计算的安全系数值与ABC-SVR模型预测的安全系数值的比较结果如图4.6所示。由(a)图可以看出，用ABC算法优化后，Bishop法计算出的安全系数基本分布在SVR模型预测函数附近，拟合效果较好；由(b)图可以看出，仅有2个样本点偏离值超过0.1，基本可以认定由训练集训练完的模型能满足预测精度要求。

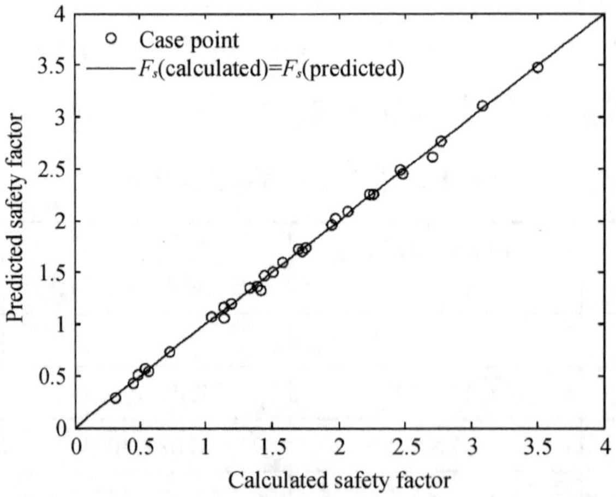

(a) 训练集中ABC-SVR模型预测值与Bishop法计算值比较

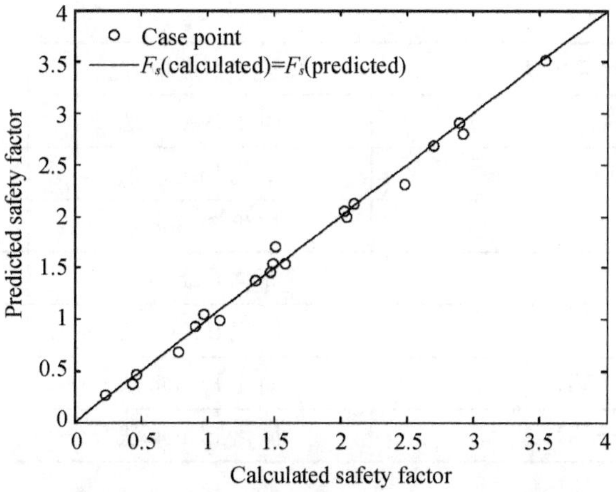

(b) 测试集中 ABC-SVR 模型预测值与 Bishop 法计算值比较

图 4.6 不同预测值与 Bishop 法结果比较

表 4.3 不同优化算法下 SVR 响应面预测精度

模型类型	训练集			测试集		
	绝对误差(MAE)	均方根误差(RMSE)	正确率(R)	绝对误差(MAE)	均方根误差(RMSE)	正确率(R)
GS-SVR	0.025 6	0.033 6	0.999 2	0.064 6	0.088 7	0.995 3
PSO-SVR	0.017 7	0.032 8	0.999 3	0.063 7	0.093 1	0.994 9
ABC-SVR	0.025 9	0.033 1	0.999 2	0.059 1	0.079 5	0.996 3

不同 SVR 模型的性能如表 4.3 所示。由表可知，基于三种优化算法的 SVR 模型在预测中具有相似的准确性，并且其预测正确率均超过了 0.99，在预测安全系数方面表现良好。这证明了在通过合适的算法优化过参数的情况下，SVR 响应面法进行可靠度分析是满足预测精度要求且普遍适用的。

表 4.4 不同可靠度计算方法得到的失效概率

可靠度计算方法	安全系数获取方法	失效概率 P_f
1 000 个样本的重要性抽样	简化 Bishop 法	0.410%
一次二阶矩法(FORM)	简化 Bishop 法	0.160%
FORM(分层 RSM)	简化 Bishop 法	0.407%

续表

可靠度计算方法	安全系数获取方法	失效概率 P_f
50 000 个样本 MCS(分层 RSM)	简化 Bishop 法	0.390%
20 000 个样本 MCS	简化 Bishop 法	0.405%
MCS(GPR)	简化 Bishop 法	0.384%
MCS(GS-SVR)	简化 Bishop 法	0.358%
MCS(PSO-SVR)	简化 Bishop 法	0.395%
第一次 MCS(ABC-SVR)	简化 Bishop 法	0.396%
第二次 MCS(ABC-SVR)	简化 Bishop 法	0.397%

表 4.4 总结了不同方法分析样例边坡得到的失效概率。由表可知，FORM 分析法产生的失效概率远小于其他系统可靠性分析方法获得的失效概率，这验证了 FORM 分析法得到的边坡失效概率确实小于所有可能潜在滑动面的失效概率。

另一方面，若把 50 000 次分层 RSM-MCS 方法提供的失效概率当作本样例分析的无偏估计，则不难发现传统 MCS 在模拟 20 000 次的情况下不能精确地逼近非线性极限功能函数，因此获得的失效概率高于无偏估计值。

GPR、PSO-SVR、ABC-SVR 三种方法获得的失效概率均接近分层 RSM-MCS 方法提供的无偏估计值，且 ABC-SVR 方法的两次蒙特卡罗模拟值极为稳定。这说明了本书所用的 ABC-SVR 响应面法是一种效率高、精度高、适用性强的边坡体系可靠度分析方法。

参考文献

[1] 李广诚，严福章. 南水北调工程概况及其主要工程地质问题[J]. 工程地质学报，2004，12(4):354-360.

[2] 温世亿. 膨胀土渠坡若干关键技术问题研究[D]. 武汉:武汉大学，2010.

[3] GUMBEL E J. Lesvaleurs extremes des distribution statistiques [J]. Annales de iinstitut henri poincare，1935，5(2):115-158.

[4] LOTKA A J. A contribution to the theory of self-renewing aggregates, with special reference to industrialreplacement[J]. The annals of mathematical statistics，1939，10(1):1-25.

[5] WEIBULL W. A statistical theory of the strength ofmaterials[J]. RSIER, 1939;151(545):7.

[6] CAMPBELL N R. The replacement of perishable members of a continually operating system[J]. Journal of the royal statistical society，1941，7(2): 110-130.

[7] PALM D C. Arbetskraftens fordelning vid betjaning av automatckiner[J]. Industriti-dningen norden. 1947，75:75-80，90-94，119-123.

[8] EPSTEIN B. Application of the theory of extreme values in fracture problems[J]. Journal of the American Statistical Association，1948，43(243): 403-412.

[9] EBEL G H. Reliability physics in electronics:a historical view[J]. Transactions on reliability，1998，47(3):379-389.

[10] CLEMENT L M. Reliability of military electronic equipment[J]. Journal of the British institution of radio engineers, 1956, 16(9):488-495.

[11] MCLINN J. A short history of reliability[J]. Journal of the reliability analysis center, 2011, 19(1):8-10, 14-16.

[12] EVANS R A. Electronics reliability:a personal view[J]. IEEE transactions on reliability, 1998, 47(3):329-332.

[13] RASMUSSEN N C. The safety study and its feedback[J]. Bulletin of the atomic scientists, 1975, 31(7):25-28.

[14] WU T H, KRAFT L M. Safety analysis of slopes[J]. Journal of soil mechanics and foundations div, 1970, 96:609-630.

[15] BAECHER G B, CHRISTIAN J T. Reliability and statistics in geotechnical engineering[J]. Engineering geology, 2005, 30(2):237-238.

[16] ELRAMLY H. Probabilistic analyses of landslide hazards and risks: bridging theory and practice[J]. Clinical radiology, 2001, 69(S1):15.

[17] 祝玉学. 边坡可靠性分析[M]. 北京:冶金工业出版社, 1993.

[18] 王家臣. 边坡工程随机分析原理[M]. 北京:煤炭工业出版社, 1996.

[19] 高大钊. 土力学可靠性原理[M]. 北京:中国建筑工业出版社, 1989.

[20] 罗文强. 斜坡稳定性概率理论和方法研究[D]. 北京:中国地质大学, 1996.

[21] 罗文强, 黄润秋, 张倬元. 斜坡稳定性概率分析的理论与应用[M]. 湖北:中国地质大学出版社, 2003.

[22] 包承纲. 谈岩土工程概率分析法中的若干基本问题[J]. 岩土工程学报, 1989, 11(4):94-98.

[23] 包承纲. 可靠度分析方法在岩土工程中的应用[J]. 人民长江, 1996, 27(5):1-5.

[24] 刘宁. 可靠度随机有限元法及其工程应用[M]. 北京:中国水利水电出版社, 2001.

[25] 苏永华, 何满潮, 赵明华, 等. 基于区间变量的响应面可靠性分析方法[J]. 岩土工程学报, 2005, 27(12):1408-1413.

[26] 谭晓慧，王建国，王印. 边坡稳定的非线性有限元分析[J]. 岩土力学，2008，29(8):2047-2050.

[27] 贾厚华，贺怀建. 边坡稳定模糊随机可靠度分析[J]. 岩土力学，2003，24(4):657-660.

[28] 王宗国，罗梅芳，姜志全. 边坡稳定性的模糊可靠度分析[J]. 土工基础，2006，20(6):60-62.

[29] 曹文贵，张永杰. 基于区间组合法的边坡稳定非概率模糊可靠性分析方法[J]. 土木工程学报，2007，40(11):64-69.

[30] 吕玺琳，钱建固，吕龙，等. 边坡稳定模糊随机可靠性分析[J]. 岩土力学，2008，29(12):3437-3442.

[31] 方建瑞，许文达，谢秀栋. 基于 FEM-ANN-MCS 法的边坡工程可靠度分析[J]. 地下空间与工程学报，2006，2(4):578-581.

[32] 叶海林，顾宏伟，刘东升. 基于动态规划和随机有限元的边坡可靠性分析[J]. 地下空间与工程学报，2007，3(3):564-567.

[33] 苏永华，赵明华，刘晓明. 用遗传算法搜索验算点的复杂响应面函数可靠度分析方法[J]. 岩石力学与工程学报，2004，24(S2):5868-5873.

[34] 马文英，郭秀彦，刘鹏，等. 南水北调高填方渠坡土壤塑性变形稳定可靠度研究[J]. 河南水利与南水北调，2014(17):39-40.

[35] 陈涛. 山区机场高填方地基变形及稳定性研究[D]. 郑州:郑州大学，2010.

[36] 江平. 高填方边坡变形及破坏机理研究[[J]. 云南电力技术，2012，40(4):78-79.

[37] 张斌. 山区公路高填路堤稳定性和变形研究[D]. 福州:福州大学，2005.

[38] 朱龙昌. 高填方渠道险工隐患的预防和治理技术[J]. 水利技术监督，2006(4):65-69.

[39] 邓海政. 公路高边坡稳定性计算方法的对比分析[J]. 黑龙江科技信息，2008(20):222.

[40] 杨婷. 高填方渠道边坡变形稳定性研究[J]. 水利规划与设计，2015(10):86-121.

[41] OKA Y, Wu T H. System reliability of slope stability[J]. Journal of geotechnical engineering, 1991, 116(8):1185-1189.

[42] CHOWDHURY R N, XU D W . Geotechnical system reliability of slopes [J]. Reliability engineering and system safety, 1995, 47(3):141-151.

[43] LOW B K, ZHANG J, TANG W H. Efficient system reliability analysis illustrated for a retaining wall and a soil slope[J]. Computers and geotechnics, 2011, 38(2):196-204.

[44] ZHANG J, ZHANG L M, TANG W H. New methods for system reliability analysis of soil slopes[J]. Canadian geotechnical journal, 2011, 48(7): 1138-1148.

[45] JI J, LOW B K. Stratified response surfaces for system probabilistic evaluation of slopes[J]. Journal of geotechnical and geoenvironmental gngineering, 2012, 138(11):1398-1406.

[46] GRIFFITHS D V, HUANG J, FENTON G A. Influence of spatial variability on slope reliability using 2-D random fields[J]. Journal of geotechnical and geoenvironmental engineering, 2009, 135(10):1367-1378.

[47] CHING J, PHOON K K, HU Y G. Efficient evaluation of reliability for slopes with circular slip surfaces using importance sampling[J]. Journal of geotechnical and geoenvironmental engineering, 2009, 135(6):768-777.

[48] ZHANG J, HUANG H W, JUANG C H, et al. Extension of hassan and wolff method for system reliability analysis of soil slopes[J]. Engineering geology, 2013, 160:81-88.

[49] LI L, WANG Y, CAO Z, et al. Risk de-aggregation and system reliability analysis of slope stability using representative slip surfaces[J]. Computers and geotechnics, 2013, 53:95-105.

[50] CHO E S. First-order reliability analysis of slope considering multiple failure modes[J]. Engineering geology, 2013, 154:98-105.

[51] JIANG S, LI D, CAO Z, et al. Efficient system reliability analysis of slope

stability in spatially variable soils using monte carlo simulation[J]. Journal of geotechnical and geoenvironmental engineering, 2014, 141(2):04014096.1-04014096.13.

[52] GRIFFITHS D V, FENTON G A. Risk Assessment in Geotechnical Engineering[M]. New Jersey:john wiley & sons, inc, 2008:381-400.

[53] XU B, LOW B K. Probabilistic stability analyses of embankments based on finite-element method[J]. Journal of geotechnical and geoenvironmental engineering, 2006, 132(11):1444-1454.

[54] CHO S E. Probabilistic stability analyses of slopes using the ANN-based response surface[J]. Computers and geotechnics, 2009, 36(5):787-797.

[55] TAN X H, BI W H, HOU X L, et al. Reliability analysis using radial basis function network-s and support vector machines [J]. Computers and geotechnics, 2011, 38(2):178-186.

[56] LUO X, LI X, ZHOU J, et al. A kriging-based hybrid optimization algorithm for slope reliability analysis[J]. Structural safety, 2012, 34(1):401-406.

[57] ZHANG J, HUANG H W, PHOON K K. Application of the kriging-based response surface method to the system reliability of soil slopes[J]. Journal of geotechnical and geoenvironmental engineering, 2013, 139(4):651-655.

[58] KANG F, HAN S, SALGADO R, et al. System probabilistic stability analysis of soil slopes using gaussian process regression with latin hypercube sampling[J]. Computers and geotechnics, 2015, 63:13-25.

[59] VIJAYARAGHAVAN V, GARG A, WONG C H, et al. On the study of machining characteristics of 2-D nanoscale material[J]. Nanoscience and nanotechnology letters, 2014, 6(12):1079-1086.

[60] VAPNIK V N. An overview of statistical learning theory[J]. IEEE transactions on neural networks, 1999, 10(5):988-999..

[61] ZHAO H B. Slope reliability analysis using a support vector machine[J].

Computers and geotechnics, 2008, 35(3):459-467.

[62] SAMUI P, LANSIVAARA T, BHATT M R. Least square support vector machine applied to slope reliability analysis[J]. Geotechnical and geological engineering, 2013, 31(4):1329-1334..

[63] YU P S, CHEN S T, CHANG I F. Support vector regression for real-time flood stage forecasting[J]. Journal of hydrology, 2006, 328(3/4):704-716.

[64] HONG W C. Electric load forecasting by seasonal recurrent SVR (support vector regression) with chaotic artificial bee colony algorithm[J]. Energy, 2011, 36(9):5568-5578.

[65] CHERKASSKY V, MA Y. Practical selection of SVM parameters and noise estimation for SVM regression[J]. Neural networks, 2004, 17(1): 113-126.

[66] VIJAYARAGHAVAN V, GARG A, WONG C H, et al. Density characteristics of laser-sintered three-dimensional printing parts investigated by using an integrated finite element analysis-based evolutionary algorithm approach[J]. Journal of engineering manufacture, 2016, 230(1):373-374.

[67] YI T H , LI H N , ZHANG X D . Sensor placement on canton tower for health monitoring using asynchronous-climb monkey algorithm[J]. Smart materials and structures, 2012, 21(12):125023.

[68] SU J, WANG X, LIANG Y, et al. GA-based support vector machine model for the prediction of monthly reservoir storage[J]. Journal of hydrologic engineering, 2013, 19(7):1430-1437.

[69] KARABOGA D, GORKEMLI B, OZTURK C, et al. A comprehensive survey:artificial bee colony (ABC) algorithm and applications[J]. Artificial intelligence review, 2014, 42(1):21-57.

[70] KANG F, LI J, MA Z. Rosenbrock artificial bee colony algorithm for accurate global optimization of numerical functions[J]. Information sciences, 2011, 181(16):3508-3531..

[71] KANG F，LI J，MA Z. An artificial bee colony algorithm for locating the critical slip surface in slope stability analysis[J]. Engineering optimization，2013，45(2):207-223.

[72] 李毅男，李海河，海翔，等. 南水北调中线高填方边坡工后稳定性预测方法研究[C]// 第十五届全国工程物探与岩土工程测试学术大会论文集，2017.

[73] 罗全胜，陈晓楠，付新航. 基于 ABAQUS 的南水北调高填方边坡稳定性分析[J]. 南水北调与水利科技，2015，13(4):747-750.

[74] 强鲁斌，朱瑛洁，曹道宁，等. 深挖方膨胀土渠道变形破坏形式及成因探讨[J]. 人民长江，2014，45(6):82-83，88.

[75] 周娟. 南水北调深挖方膨胀土渠坡抗滑桩作用机理分析[D]. 长沙:长沙理工大学，2014.

[76] 肖俊逸，易万胜. 软弱结构面对深挖方膨胀土渠坡稳定性影响[J]. 工程建设，2017，49(1):14-21.

[77] 于奇. 深挖方渠道边坡稳定分析[J]. 水科学与工程技术，2014(4):94-96.

[78] CHOU K C，COROTIS R B. Conditional gaussian probability density[J]. Journal of engineer mechanic，1984，110(1):115-119.

[79] 赵冬斌，邵坤，朱圆恒，等. 深度强化学习综述:兼论计算机围棋的发展[J]. 控制理论与应用，2016，33(6):701-717.

[80] 张学工. 关于统计学习理论与支持向量机[J]. 自动化学报，2000，26(1):32-42.

附件

本次可靠度分析所用软件为 Matlab2014b，下面附上实验部分的主要代码及注释，供参考：

1. LHS 抽样代码

r=lh snorm(mu, sigma, M, N) %产生服从 $N(\mu,\sigma^2)$分布的 m 行 n 列随机变量数组 R

2. SVR 回归分析代码

利用 libsvm-3.22 库进行计算，库目录配置代码如下：

```
>> [heart_scale_label, heart_scale_inst] =libsvmread('heart_scale');
>>model = svmtrain(heart_scale_label, heart_scale_inst, '-c 1 -g 0.07');
>> [predict_label, accuracy, dec_values] =svmpredict(heart_scale_label, heart_scale_inst, model);
```

SVR 运算代码如下：

```
%%clean work
tic;%记录运行时间
close all;%关闭所有 figure 窗口
clear;%清空变量
clc;%清空命令
format compact;%空格紧凑
%生成待回归的数据
x = r';
```